Paul Caminada

Der Bau der Rhätischen Bahn

Orell Füssli Verlag Zürich

Titelbild

Langwieser Viadukt
Foto: P. Caminada

Rückseite

Bau des Langwieser Viaduktes

Gesamtherstellung

Stampa Romontscha Condrau SA
CH-7180 Disentis

ISBN 3-280-01250-3

Inhaltsverzeichnis

Einleitung

Bereits im Jahre 1853 beschäftigte sich Ingenieur Simon Bavier, der spätere Bundesrat, mit den Vorarbeiten einer Südostbahn Chur–Rorschach. Unter finanzieller Betreuung des französischen Bankhauses Rothschild konstituierte sich die sogenannte Sud-Est-Bahn zu den Vereinigten Schweizerbahnen. Im Jahre 1858 verkehrten die ersten Züge bis nach Chur. Weiter kamen sie nicht, obwohl eine Fortsetzung der Linie über den Lukmanier nach Locarno geplant war. Da die Ostalpenbahn zugunsten der Gotthardlinie geopfert wurde, mussten die Täler Graubündens durch eigene Meterspurbahnen erschlossen werden. Mit einem für damalige Verhältnisse enormen Aufwand von rund 100 Millionen Franken wurde eine leistungsfähige Eisenbahn gebaut, die ein faszinierendes Kapitel der Bündner Verkehrsgeographie bedeutet. Die damals beachtlichen Ingenieurleistungen sind heute noch bemerkenswert, und die vielen Kunstbauten dieser ausgesprochenen Gebirgsbahn sind ein gewichtiger Faktor in der Kontroverse über die Schönheit der Technik. Die folgenden Seiten versuchen, die Baugeschichte dieser interessanten Eisenbahn in kurzen Zügen zu schildern. Ohne Anspruch auf Wissenschaftlichkeit oder gar auf Vollständigkeit wurden die Geschehnisse und Entwicklungen in ihren Zusammenhängen aufgezeichnet.

Thalwil, im Februar 1980

Paul Caminada

Reisekarte des Kantons Graubünden um 1908. Die Eisenbahnlinien Ilanz–Disentis, Bever –Scuol und St. Moritz–Poschiavo sind als projektierte oder zum Teil als im Bau bezeichnete Strecken eingetragen. Das Teilstück zwischen Poschiavo und Tirano war bereits eröffnet. Die Ofenpass-Bahn ins Münstertal ist ebenfalls als projektierte Strecke eingezeichnet. Von Chur nach Arosa ist allein noch die Poststrasse zu sehen.

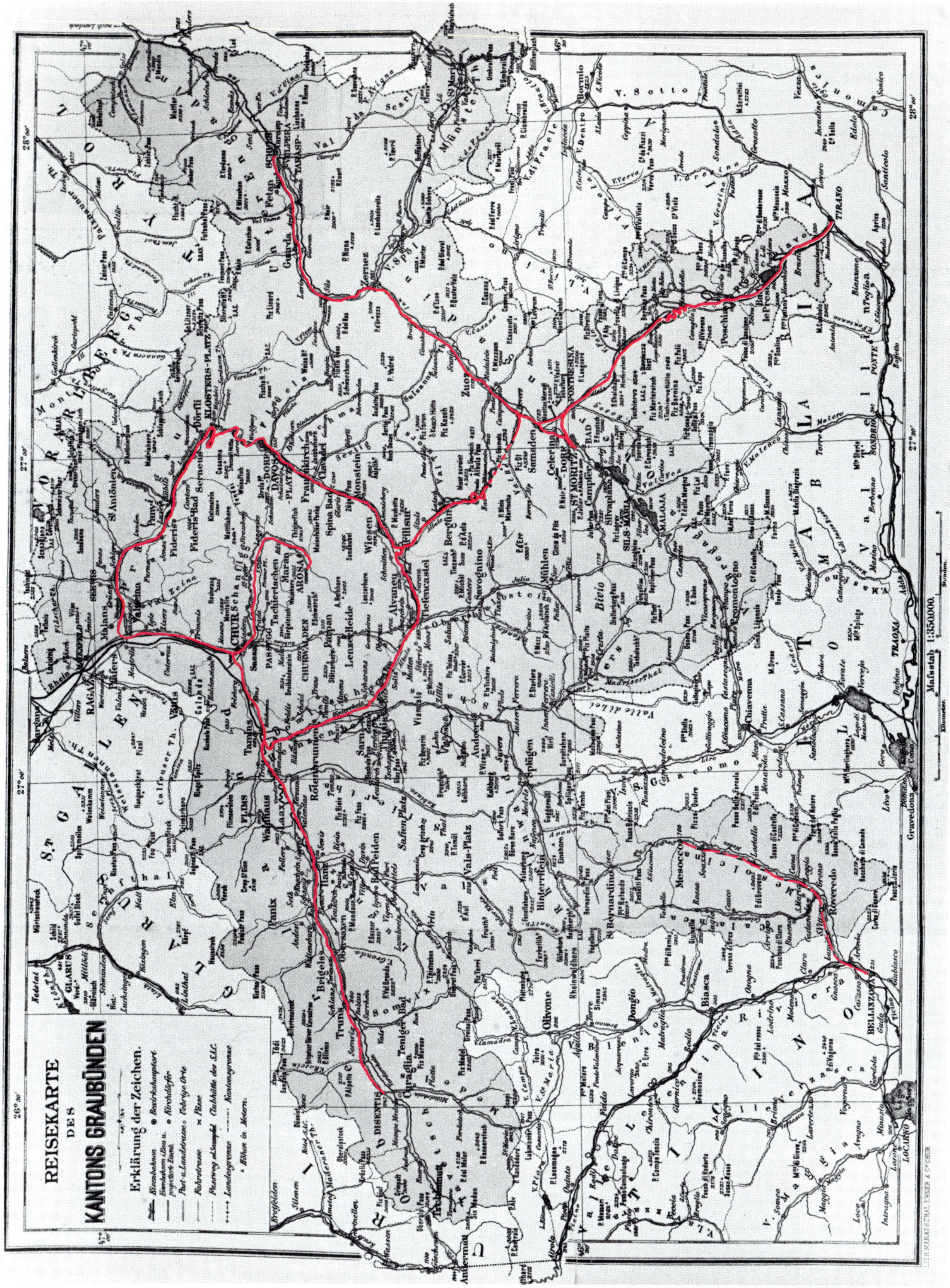
REISEKARTE
DES
KANTONS GRAUBÜNDEN
Erklärung der Zeichen.
Maßstab 1:350000.
CHUR
DAVOS
ST MORITZ
PONTRESINA
TIRANO
BELLINZONA
DISENTIS
AROSA
THUSIS
LOCARNO
CHIAVENNA
SONDRIO

I. Der Auftakt

1. Entlang der Schiene

Die technische Besonderheit jeder Eisenbahn ist der Schienenweg, der sie trägt und zugleich führt. Die ersten Schienen indessen wurden nicht auf dem Erdboden, sondern unter Tag gebaut. Nach 1774 sind die ersten Holzbalkenschienen der Bergwerkwagen, Grubenhunde genannt, von gusseisernen Schienen allmählich abgelöst worden.
Der 27. September 1825 gilt in Grossbritannien als Geburtstag der Dampfeisenbahn. Im Dezember 1835 fuhr die erste Eisenbahn zwischen Nürnberg und Fürth in Deutschland. Die «Adler»-Lokomotive wurde von der Stephenson-Fabrik in England samt einem tüchtigen Lokomotivführer geliefert. 1847 wurde die erste schweizerische Bahnlinie von Zürich nach Baden eröffnet. Die ersten beiden Lokomotiven stammten aus der Kesslerschen Maschinenfabrik in Karlsruhe, und bereits 1899 fuhr zwischen Burgdorf und Thun die erste elektrische Normalspur-Vollbahn Europas. 1846 wurde in England die Normalspur für neu zu bauende Linien als verbindlich erklärt. Acht Jahre später kam die Regelung der einheitlichen Spurweite auch in der Schweiz zustande.
Für die Rhätische Bahn in Graubünden wurde das gesamte Netz schmalspurig gebaut. Diese Spurweite drängte sich deshalb auf, weil kurze, kurvenreiche Strecken mit dichter Haltestellenfolge und ein mittelgrosser Passagier- wie Güterverkehr zu bedienen waren. Die topographische Gestaltung Graubündens zwang den Geleisebau auf steile Rampen. Oft waren künstliche Längenentwicklungen mit engen Kehrschleifen erforderlich, um die Höhenunterschiede der Geländeverschachtelungen zu überwinden. Ein Vierteljahrhundert (1888–1914) wurde an den rätischen Strecken gearbeitet, bis die Talschaft Prättigau, die Landschaft Davos, das Ober- und Unterengadin, über die Berninahöhe nach Italien das Puschlav, von Chur aus das Bündner Oberland, das Schanfigg, transversal durch Graubünden das Domleschg, das Albula- und endlich das Misoxertal dem Eisenbahnverkehr erschlossen waren.
Damals war viel schwere Arbeit erforderlich, bis die Schienen und Schwellen auf dem Schotterbett ruhten. Hunderte von Tonnen Kleineisenzeug waren einerseits zur Befestigung der Schienen auf den Schwellen, andererseits zur Verbindung der Schienen untereinander erforderlich. Die Weichen und Kreuzungen, alle diese Gleisanlagen, die einen Wechsel der Fahrbahnen erlauben, mussten fachgerecht montiert werden.
Der Schienenweg erfordert laufend einen ganz besonderen Unterhalts- und Sicherheitsdienst. Die besonderen Anlagen, wie Mauern, Böschungen, Dämme, Brücken, Tunnels, Galerien, Fluss- und Uferverbauungen,

Inserat der Rhätischen Bahn um 1907. Sie wurde als höchste Adhäsionsbahn Europas mit vollem Jahresbetrieb propagiert. Man beachte die mittleren Fahrzeiten für die Hin- und Rückfahrten. Die abgebildete Medaille wurde anlässlich des Albulatunnel-Durchschlages geprägt.

müssen laufend unterhalten und verbessert werden. Besonders der Winter zeigt auf eindrückliche Art und Weise die Naturschönheiten, aber auch die Schwierigkeiten. Meterhohe Schneemassen müssen geräumt werden. Bereits bei starkem, andauerndem Schneefall erhöht sich die Lawinengefahr. Die berüchtigtsten Hänge werden ständig unter Kontrolle gehalten. An den als gefährlich erachteten Stellen wurden nach und nach gemauerte Galerien, eiserne Schutzdächer, Ablenkmauern, Stahlschneerechen und Pfahlreihen errichtet. Tausende von Pflanzen,

Der Schienenstrang erfordert einen ganz besonderen Unterhaltsdienst. Die vielen Kurven und auch die grossen Steigungen des Trassees wirken sich auf die Gleise ungünstig aus. Hier arbeitet eine «Gramp»-Gruppe unterhalb Preda. Der Oberbau mit dem Schotterbett hat die Aufgabe, die durch die Fahrzeuge auf die Schwellen wirksam werdenden Kräfte aufzunehmen.

wie Fichten, Föhren und Lärchen, wurden eingesetzt. Sie dienen heute als sicherer Bannwald. Die Kosten dieser Schutzmassnahmen betrugen etliche Millionen Franken. Nach menschlichem Ermessen konnte die Gefahr gebannt werden. Eine totale Sicherheit ist jedoch schwerlich zu erreichen. Es gibt Lawinen, die nur einmal im Jahrhundert herunterdonnern, andere brechen an ganz unerwarteten Orten los. Die Naturgewalt ist eben stärker als die gesamte Technik. Immerhin zeigte sich, dass Streckenunterbrüche entstehen können, jedoch nur selten Zugsinsassen zu Schaden kommen. Eine gute Organisation und das Pflichtbewusstsein des Bahnpersonals ermöglichen normalerweise die Einhaltung des Fahrplanes bei jeder Witterung.

STRECKEN DER RHÄTISCHEN BAHN	Baubeginn	Eröffnung	Elektrifizierung	Tunnels Anzahl	Tunnels Länge m	Brücken Anzahl	Brücken Länge m	Strecken Länge km
1. LANDQUART-KLOSTERS	F^{+} 1888	9. 10. 1889	7. 11. 1921	7	2998	57	839	33
2. KLOSTERS-DAVOS	Fortsetzung	21. 7. 1890						17
3. CHUR-THUSIS	H^{+} 1894	1. 7. 1896	1. 8. 1921	—	—	35	397	28
4. LANDQUART-CHUR	Fortsetzung	29. 8. 1896						14
5. REICHENAU-JLANZ	Okt. 1898	1. 6. 1903	22. 5. 1922	3	804	14	346	20
6. THUSIS-CELERINA	Okt. 1898	1. 7. 1903	15. 10. 1919	39	16 475	107	2749	60
7. CELERINA-ST. MORITZ	Fortsetzung	10. 7. 1904						3
8. SAMEDAN-PONTRESINA	Juni 1906	1. 7. 1908	1. 7. 1913	—	—	8	99	6
9. DAVOS-FILISUR	Sept. 1906	1. 7. 1909	11. 12. 1919	16	4228	28	749	20
10. JLANZ-DISENTIS	März 1910	1. 8. 1912	22. 5. 1922	3	350	47	1262	30
11. BEVER-SCUOL	F^{+} 1909	1. 7. 1913	1. 7. 1913	17	8011	72	2194	50
12. BELLINZONA-MESOCCO	Jan. 1905	6. 5. 1907	6. 5. 1907	3	85	26	616	22
13. ST. MORITZ – TIRANO	Juli 1906 Fortsetzungen	1. 7. 1908 18. 8. 1908 1. 7. 1909 5. 7. 1910	1. 7. 1908 18. 8. 1908 1. 7. 1909 5. 7. 1910	11	2190	45	656	61
14. CHUR-AROSA	Jan. 1912	12. 12. 1914	12. 12. 1914	22	2607	40	1747	26

F^{+} = Frühling H^{+} = Herbst

1977 PC

Oberst Richard La Nicca (1794–1883) aus Sarn war ein berühmter Strassen- und Eisenbahnbauer. 1815 trat er als Offizier in das Piemontesische Schweizerregiment ein. Später studierte La Nicca Mathematik an der Universität Tübingen. 1818–1823 arbeitete er am Strassenbau des San-Bernardino-Passes. Nach erneutem, kurzem Studium an der Hochschule in München wurde der erst 25jährige La Nicca zum ersten Oberingenieur Graubündens gewählt. 1830 baute er als Offizier die Festung Luziensteig weiter aus. Unter seiner Leitung wurden mehrere Flussverbauungen und etliche Strassenbauten in Graubünden erstellt. 1839 entwarf La Nicca das erste Eisenbahn-Alpendurchstichprojekt, den Lukmanier. Solche Projekte galten damals als kühne Bauideen. 1867–1869 entwarf er seinen letzten und wohl genialsten Alpendurchstich, der unter dem Namen Fusionsprojekt bekannt wurde: Amsteg–Disentis–Lukmaniertunnel–Biasca. Diese Idee, die Zentral- wie auch die Ostalpenbahnfrage gemeinsam zu lösen, scheiterte an K. Wetli und Alfred Escher. Die Gotthardbahn wurde im nachfolgenden Jahrzehnt gebaut.

2. Die Idee der Alpenbahn

Es war vor allem der Bündner Oberingenieur Richard La Nicca, der sich mit dem Projekt einer Nord-Süd-Verbindung befasste. Bereits im Jahre 1838 waren die ersten Pläne für eine Eisenbahn durch die Alpen vorhanden, also weit früher als in anderen Landesteilen.
Der Pionier La Nicca wandte sich zunächst dem Splügen zu, um sich dann aber wegen der technischen Schwierigkeiten für eine Lukmanierbahn zu entscheiden. 1845 legte er der Öffentlichkeit ein ausgearbeitetes Projekt vor. Bereits ein Jahr später erteilten die Kantone Graubünden

Der Niederländer Willem Jan Holsboer (1834–1898) aus Zutphen (Provinz Gelderland) war der grosse Initiant und Förderer des Eisenbahnbaues in Graubünden. Er brachte es vom Schiffsjungen zum Kapitän und später vom Kaufmann zum Direktor einer Londoner Bank. 1867 kam W.J. Holsboer mit seiner kranken Frau nach Davos. Dort gründete und leitete er das erste Kurhaus für 50 Gäste. Sein Wirken zugunsten eines Meterspurnetzes im Kanton war äusserst fruchtbar. Es gelang ihm auch, die Basler Finanzleute für seine Idee zu gewinnen. Bereits im Frühjahr 1888 konnten die Bauarbeiten der Strecke Landquart–Davos in Angriff genommen werden. Im gleichen Jahre wurde Holsboer Schweizer Bürger in Chur.

und Tessin die ersten Konzessionen. 1853 erhielt wiederum ein Variantenprojekt mit einem 26 km langen Tunnel die Baugenehmigung. Das Projekt scheiterte an der Finanzfrage.

Die Idee dieser Nord-Süd-Verbindungen sind von anderen Stellen übernommen worden. Eine Expertenkommission wurde von den Regierungen von Preussen, Sardinien und der Schweiz beauftragt, mögliche Eisenbahnverbindungen über den Bernhardin, den Lukmanier, den Gotthard, den Grimsel, den Simplon und den Albrun zu untersuchen. Der deutsche Ingenieur Hähner und sein italienischer Kollege Negretti hiel-

Fritz Riggenbach-Stehlin, Basel. Zur Bildung der Aktiengesellschaft Schmalspurbahn Landquart–Davos wurde am 15. Dezember 1887 zwischen den Prättigauer Gemeinden und dem Basler Bankkonsortium ein Vertrag abgeschlossen. Fritz Riggenbach-Stehlin (1821–1904) vom Bankhause J. Riggenbach gehörte als markanter Exponent der Basler Finanzgruppe zu den Vertrags-Mitunterzeichnern. Weitere Zeichner waren, für das Bankkonsortium: Burckhard-Zahn, Jucker-Schäfer, für die Gemeinden: W.J. Holsboer, P.Th. Bühler, P. Salzgeber, E. Walser und A. Lietha.

ten einzig die Varianten Lukmanier, Grimsel und Monte Ceneri einer weiteren Prüfung wert. Ingenieur Koller aus Winterthur, damals Chef des Eidgenössischen Eisenbahnbüros in Bern, wies im August 1852 mit Nachdruck auf den Gotthard oder Splügen hin. 1859 entstand ein weiteres Splügenbahnprojekt mit einem 10 km langen Scheiteltunnel von Simon Bavier. Noch weitere Alpenbahnlösungen wurden lanciert, und im Jahre 1858 wurde eine Greina-Variante studiert. Oberst La Nicca entwarf in den Jahren 1867–69 sein letztes und grosses Alpendurchstichprojekt, das unter den Namen «Fusionsprojekt» bekannt wurde: Amsteg–Disentis–Lukmanier–Biasca. Die Idee, die Zentral- sowie die Ostalpenbahnfrage gemeinsam zu lösen, scheiterte jedoch an den Zürchern K. Wetli und Alfred Escher.

Im Jahre 1860 erfolgte die Gründung eines Gotthardkomitees. Ein Jahr später wurde die Vermessung der Strecke Erstfeld–Lugano durchgeführt. Der Gotthard wurde der mächtigste Konkurrent aller Ostalpenlösungen, und der Kanton Graubünden wurde langsam, aber sicher überrundet. Als sich 1870 Italien und Deutschland zu Beiträgen an den Bau der Gotthardbahn verpflichteten, mussten die Ostalpenverbindungen zugunsten des Gotthards aufgegeben werden. Als Trost blieb den Bündnern der Eisenbahnanschluss von der Kantonsgrenze bei Bad Ragaz bis nach Chur. Damals fiel der Ausspruch von Oberst Theophil von Sprecher:
«Für Graubünden selbst ist jetzt der Ausbau eines möglichst guten und weiten Schmalspurnetzes viel wichtiger und naheliegender als das Abmühen um 60 km Ostalpenbahn.»

Der Ersatz für die Ostalpenbahn

Graubünden sah sich deshalb genötigt, die Erschliessung seiner Täler durch ein eigenes Bahnnetz an die Hand zu nehmen. Die Hoffnung auf die «endlich zur Ausführung kommende Ostalpenbahn» wurde jedoch nicht aufgegeben. Damals gab es eine Unmenge von Eisenbahnprojekten, die mangels Finanzen nicht realisiert werden konnten. Einige Projekte sind interessant und somit erwähnenswert:
1873 Simon Bavier projektierte eine Eisenbahnverbindung von Sankt Moritz nach Samedan. Eine Abzweigung nach Pontresina war vorgesehen. Die Winterthurer Bank erwarb die Konzession und war bereit, die Anlage zu finanzieren. Heftige Opposition in gewissen Engadiner Kreisen liess das Bauvorhaben jedoch scheitern.
1875 Der Advokat Sebastian Hunger in Thusis verfasste die Abhandlung «Eisenbahnen in Graubünden, neue Wege zur Volkswohlfahrt.» Hunger schlug vor, die Linien Chur–Thusis, Reichenau–Ilanz und Landquart–Küblis zu bauen.
1882 Die Firma Zschokke & Cie. in Aarau projektierte eine Bahnlinie von Chur nach Thusis.
1883 Sebastian Hunger brachte die Linie Chur–Thusis–Bellaluna als Centralbahn an die Öffentlichkeit. Die vorgesehene Strecke lag für eine mögliche Alpenbahn günstig.
1884 Die Firma Zschokke projektierte eine Septimerbahn von Chur über Thusis–Tiefencastel–Septimer–Longhin–Maloja nach Castasegna.
1887 Der unermüdliche Advokat Hunger erwarb die Konzession für eine schmalspurige Eisenbahnlinie von Thusis nach Filisur. Robert Moser,

Oberingenieur bei der Nord-Ost-Bahn in Zürich, verfasste das Konzessionsprojekt. Die Finanzierung scheiterte, und die erworbene Konzession verfiel. Vier Jahre später, kurz nach dem bündnerischen Volksentscheid für eine Albulaverbindung nach dem Engadin, erwarb Kantonsingenieur Giovanni Gilli in Chur die verfallene Hungersche Konzession zugunsten der Albulabahn. Für eine Fortsetzung der Linie Filisur–Samedan reichte Gilli im Jahre 1889 ein entsprechendes Konzessionsgesuch ein.

Den Anstoss zum Bau der Albulabahn ins Engadin gab damals auch der «Eisenbahnkönig» Guyer-Zeller, als er den schönen Traum einer sogenannten Orientbahn, Chur–Thusis–Albula–Ofenpass–Meran, verwirklichen wollte.

1896 Die Maschinenfabrik Oerlikon plante eine aus drei Wagen bestehende Strassenbahn von Chur über die Lenzerheide nach Tiefencastel. Noch mehrere – darunter auch phantastische – Projekte wurden immer wieder bearbeitet, propagiert und begutachtet.

Zum Beispiel plante der italienische Ingenieur Vanossi eine kühne Septimerbahn. Sie durchstiess von Vicosoprano nach Savognin einen 26 km langen Tunnel. Dann fuhr sie durch den Schin nach Campi oberhalb Sils, von dort auf hoher Brücke nach Scharans und weiter bis nach Chur. Die Firma Froté & Westermann in Zürich projektierte eine Linie von Chur über Lenzerheide–Bivio und Julier nach Champfèr. Die Ingenieure Simonett und Prader lancierten ein Bernhardinbahnprojekt. Simon Simonett wurde später Bauführer beim Bau der Albulabahn und ab 1906, zusammen mit Prader, selbständiger Unternehmer.

Fast immer wurde auf dem Bau einer Normalspurbahn, als Teilstück einer später zu bauenden Ostalpenbahn, beharrt. Endlich musste sich die Bündner Regierung jedoch mit dem Gedanken eines Meterspurnetzsystems abfinden.

In dieser verwirrten Eisenbahnzeit, begleitet von vielen Versammlungen und Pressepolemiken, blieben die Davoser und die Prättigauer nicht untätig. Sie waren die ersten, die eine Schmalspurbahnlinie in Graubünden bauten. Bereits am 22. April 1887 wurde die Baukonzession für die Landquart-Davos-Bahn von der Baundesversammlung in Bern genehmigt.

Dem aus Holland stammenden Willem Jan Holsboer gelang es, den Plan zu verwirklichen. Er führte das erste Kurhaus in Davos und konnte die Davoser und die Gemeinden des Prättigaus für die Idee des geplanten

Bahnbaues gewinnen. Mit Recht erwähnte die Festschrift zur 40. Generalversammlung des Schweizerischen Ingenieur- und Architektenvereins im Jahre 1903:
«Nur wer die Schwierigkeiten kennt, bündnerische Gemeinden unter einen Hut zu bringen, weiss das von Holsboer vollbrachte Kunststück voll zu würdigen!»
Holsboer plante eine Fortsetzung der Landquart-Davos-Bahn als richtige Alpenbahn über den Scalettapass nach Scanfs, Samedan und weiter bis Chiavenna. Bevor der Bahnbau Landquart–Davos vollendet war, hatte Holsboer bereits eine entsprechende Konzession eingereicht. Zur gleichen Zeit gab das von Ingenieur Gilli konzessionierte Albulaprojekt als sogenannte Centralbahn viel zu reden. Zwischen den Scaletta- und den Centralbahnanhängern gab es heftige Kontroversen. Der Advokat Sebastian Hunger prägte damals das Schlagwort: «Centrum oder Peripherie», und die Kampfparole hiess: «Hie Scaletta – hie Albula, hie Peripherie – hie Centrum!» Die kantonale Volksabstimmung vom 26. November 1889 entschied sich jedoch eindeutig für eine Centralbahn, d.h. für eine Linienführung durch das Innere und nicht am Rande Graubündens.
Das vorliegende Kapitel könnte kaum besser schliessen als mit einem Zitat von Professor L. Joos:
«Schwerlich gibt es ein zweites Land, wo während eines halben Jahrhunderts eine überreiche Saat von Eisenbahnprojekten eine so spärliche Ernte ausgeführter Linien hervorbrachte wie im Kanton Graubünden.»

3. Die Betriebseröffnung der einzelnen Linien

Mit pustenden Dampflokomotiven und holprigen, kurzen Zweiachswagen führten die Züge Leute, Vieh und Waren auf dem eisernen Schienenstrang von Station zu Station. Der fahrplanmässige Betrieb der Bahnlinien wurde eröffnet am:

9. Oktober	1889	Landquart–Klosters	33 km
21. Juli	1890	Klosters–Davos	17 km
1. Juli	1896	Chur–Thusis	28 km
29. August	1896	Landquart–Chur	14 km
1. Juni	1903	Reichenau–Ilanz	20 km
1. Juli	1903	Thusis–Celerina	60 km
9. Juli	1904	Celerina–St. Moritz	3 km
1. Juli	1908	Samedan–Pontresina	6 km
1. Juli	1909	Davos–Filisur	20 km
1. August	1912	Ilanz–Disentis	30 km
1. Juli	1913	Bever–Scuol	50 km

Jede Betriebseröffnung wurde mit Festzügen, Gesang- und Musikdarbietungen gebührend gefeiert.
Bei der Einfahrt des ersten Personen-Extrazuges in Samedan am 27. Juni 1903 berichtete P.C. Romedi aus Madulain:

«Einen sensationellen Anblick brachte der 27. Juni, als um 11 Uhr vormittags der Zug mit den Fahrgästen in Samaden unter den Klängen der Churer Stadtmusik 'Harmonie' einfuhr und ihm der Bundesrat, die Bundesversammlung, die Kantonsregierung, der Grosse Rat und noch viele andere hohe Würdenträger entstiegen. Unter dem Geläute aller Glocken Samadens und dem Donner von 22 Kanonenschüssen wickelte sich der Empfang unserer höchsten Behörde in geradezu ergreifender Weise ab. Der gewaltige Festzug bestand aus 14 Gruppen: 'Harmonie' Chur mit eidgenössischer Fahne, Bundesrat, Bundesversammlung, Regierung, Grosser Rat, Bundesbeamte, die Schulen Samadens, kleine Mädchen, Trommler und Pfeifer, Ehrendamen, Verwaltungsrat und Direktion Rh.B., Basler Gäste, Vertreter der Bundes- und anderer Bahnen, Männerchor und Schützenverein Samaden, Kreispräsidenten, Stadtrat Chur, Gemeinderat Samaden, Technisches Personal, Ärzte, Abteilungsvorstände, Turnverein Samaden, Gemeindepräsidenten, Presse und Verkehrsverein, Komitees usw.»

Gleichzeitig mit dem Ausbau der Rhätischen Bahn erfolgten zwischen 1905 und 1914 die Misoxer, die Bernina- und die Arosabahn-Bauten. Diese Gleichstrombahnen wurden in den Jahren 1941 bis 1943 an das Stammnetz angeschlossen.
Damals waren noch weitere Eisenbahnlinien geplant und zum Ausbau vorgesehen, wie

St. Moritz–Maloja–Chiavenna
Scuol–Martinsbruck–Landeck
Zernez–Ofenpass–Müstair
Thusis–Splügen–San Bernardino–Mesocco

Der Ausbruch des ersten Weltkrieges brachte jedoch die weitere Erweiterung der geplanten Schmalspurbahnen zum Stillstand. Da die Nachkriegsverhältnisse keine hohe Kapitalinvestitionen mehr ermöglichten, hatten die Projekte keine Aussicht, realisiert zu werden.
Das 375 km lange Meterspurnetz der Rhätischen Bahn wird heute mit Schnellzügen, Regional-, Güter- und Autozügen hauptbahnmässig betrieben. Im ganzen zählt man etwa 120 Tunnels und Galerien mit einer Gesamtlänge von rund 39 km. Die 500 Brücken ergeben eine Totallänge von nochmals über 12 km. Der Betrieb wickelt sich auf ungefähr 500 km Gleis ab, und die Triebfahrzeuge leisteten im Jahre 1979 gesamthaft mehr als 5,3 Millionen km.

Chromolithographie der Rhätischen Bahn mit Fahrplan vom 1. Juni – 30. September 1899.

Landquart–Klosters–Davos

Streckenlänge:	50 km
Baubeginn:	Frühjahr 1888
Eröffnung:	21. Juli 1890
Elektrifizierung:	7. November 1921

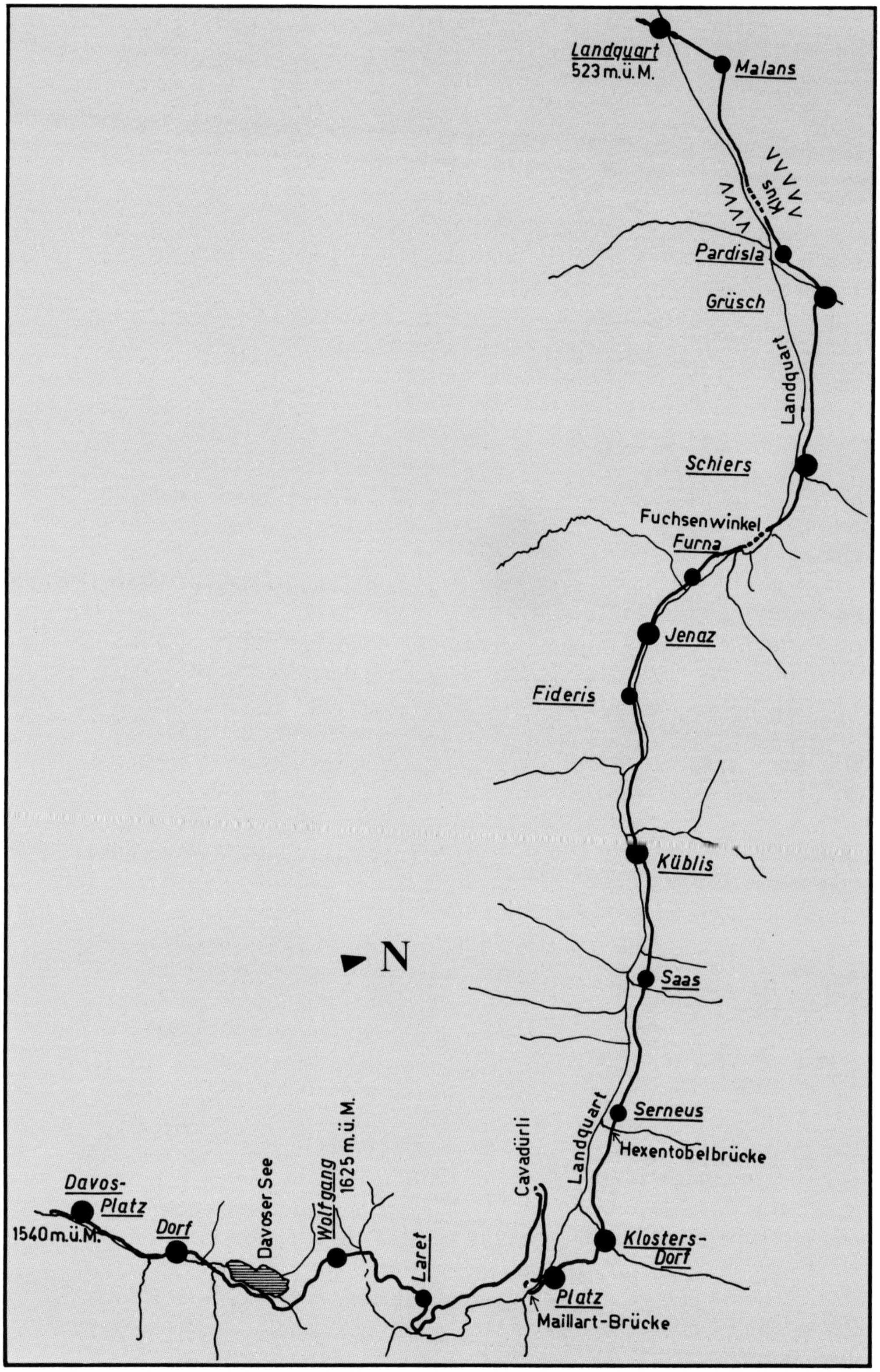

II. Aus der Baugeschichte

1. Die ersten Schmalspurbahnen in Graubünden

Holsboer setzt sich durch

Willem Jan Holsboer wurde im Jahre 1834 zu Zutphen in Holland geboren. Erst Schiffsjunge, dann Kapitän, brachte er es später vom Kaufmann zum Direktor einer Amsterdamer Bank in London. Die Sorge um seine kranke Frau führte ihn im Jahre 1867 nach Davos, das ihm zur zweiten Heimat wurde. Im Jahre 1888 erwarb er für sich und seine Familie das schweizerische Bürgerrecht in Chur. Holsboer wurde Hotelier in Davos und trat an die Öffentlichkeit mit dem Plan, eine Bahn von Landquart nach Davos zu bauen. Er konnte sogar seine Basler Geschäftsfreunde (die ihm im Jahre 1873 die Gründung der AG Curhaus Davos ermöglicht hatten) für die Idee einer Eisenbahn gewinnen. Nach etlichen Schwierigkeiten fand sein Projekt bei den Prättigauern und Davosern Zustimmung. In der Folge wurde die «Aktiengesellschaft Schmalspurbahn Landquart–Davos» gegründet. Zahllose Versammlungen und Sitzungen wurden abgehalten. Am 12. September 1886 stimmten alle Gemeinden den Anträgen zu. Das unermüdliche Komitee, unter dem Präsidium von W. J. Holsboer, schrieb damals:
«. . . Es ist das erste Mal, dass alle Gemeinden von der Klus bis Davos zur Durchführung eines grossen und segenbringenden Werkes zusammentreten, möge daher das kleinste wie das grösste Gemeinwesen nicht vergessen, dass nur durch die Zustimmung aller das Unternehmen zur Verwirklichung gelangen kann! Möge jeder daher daran denken, dass unserem Kanton und unserer Talschaft durch Verkennung des richtigen Moments schon oft schwere und dauernde Schädigungen erwachsen sind. Wir haben daher die frohe Hoffnung und die feste Überzeugung, dass keine Gemeinde wegen geringfügiger Bedenken die folgenschwere Verantwortung auf sich laden wird, durch ein verneinendes Votum das segensreiche Unternehmen zu Falle zu bringen und unser schönes Tal vielleicht der Verödung preiszugeben.»
Davos und die Prättigauer Gemeinden verpflichteten sich, Barsubventionen zu bezahlen, ausserdem Grund und Boden, Holz, Steine und Sand für den Trasseebau unentgeltlich zu liefern. Die Vorbereitungen für das grosse Bauvorhaben wurden rasch vorangetrieben. Im Jahre 1886 erfolgten die Terrainaufnahmen, ein Jahr später war das Projekt fertig erstellt, und im Frühjahr 1888 wurde mit den eigentlichen Bauarbeiten begonnen. Bereits am 9. Oktober 1889 wurde die Bahnlinie bis Klosters eröffnet. Nationalrat Planta berichtete damals:
«Damit haben jene Gemeinden eine Tat vollbracht, die für alle Zeiten einen Ruhmestitel in ihrer Geschichte bilden wird und die ihnen mit

Ein Zug der «Landquart–Davos-Bahn» um 1893 zwischen der schäumenden Landquart und der Fahrstrasse in der Klus. An der Spitze eine Mallet-Dampflokomotive.

Recht den Namen der Pioniere des Eisenbahnwesens in Graubünden eingetragen hat.»

Die Linie Landquart–Davos Platz

Hinter Malans zwängte sich der Schienenstrang damals neben Strasse und Landquartfluss zwischen den hohen Felswänden der Klus hindurch. Seit 1963 verhindert ein neuer Tunnel den Blick in die Schlucht. Oberhalb Schiers überquert der Schienenweg nacheinander den wilden Schraubach und die Landquart, um im Fuchsenwinkeltunnel für kurze Zeit zu verschwinden. Über Furna und Jenaz wird das Talbecken von Küblis erreicht. Von hier an geht es aufwärts steigend parallel zur höherliegenden Strasse, vorbei an Serneus bis Klosters mit der damali-

Das Bahntrassee war, da jedes Hochwasser der Landquart grosse Massen des mürben Gesteins heran- und fortführte, von immer wiederkehrenden Verwüstungen heimgesucht. Hier wurden die Gleise in Pardisla bei der Überschwemmung im Jahre 1910 unterspült und beschädigt.

gen Spitzkehre. Im Jahre 1889 war der Schienenstrang auf 33 km Länge, von Landquart bis Klosters, vollendet. Ein knappes Jahr später ging es weiter durch die Cavadürli-Kehrtunnelrampe, dann in engen Schleifen über den 1625 m hohen Wolfgang und weiter dem linken Ufer des Davosersees entlang bis zur damaligen Endstation Davos Platz.

Bereits im Jahre 1874 projektierte der Ingenieur und spätere Bundesrat Simon Bavier eine Normalspurbahn von Landquart nach Davos. Der grossen Kosten wegen musste der Plan einer Normal- zugunsten einer billigeren Schmalspurbahn fallengelassen werden. Das ursprüngliche Konzessionsprojekt der Prättigauer Schmalspurbahn erstellte Ingenieur C. Wetzel. Auf der Steilrampe Klosters–Wolfgang projektierte er eine Zahnstangenrampe von 10 Prozent Steigung. Professor Gerlich, als Experte, gab zu bedenken, dass eine Zahnradstange den Betrieb sehr verteuern würde. Der Beschluss galt demnach einer durchgehenden Adhäsionsstrecke mit grösserer Längenentwicklung und einer maximalen Steigung von 45 m auf 1 km, also 45 Promille. Es wurden jedoch mehrere Rentabilitätsrechnungen erstellt, bis schliesslich der endgültige

Hinter Malans bildet die Klus die schmale Felspforte zum Prättigau und zur Landschaft Davos. Seit 1963 wird die enge Klus durch einen 984 m langen Tunnel vom Zug durchfahren.

Bahnbau an die Firmen Philipp Holzmann aus Frankfurt am Main und an Jakob Mast in Zürich (als Generalunternehmer) übertragen wurde. Die Generalunternehmung musste sämtliche Pläne ausarbeiten und der Bauleitung vorlegen. Oberingenieur Archilles Schucan aus Zuoz und Bauführer C. Wetzel prüften und genehmigten die von den Unternehmungen eingereichten Detailpläne für die Ausführung.
Beim Bau der Bahnstrecke Landquart–Davos wirkten viele Bewohner der Talschaft mit, obwohl die beiden Unternehmungen zeitweise bis zu 3000 Fremdarbeitern beschäftigten. Die 7 Tunnels und die 57 Brücken der

Einfahrtskurve zur Station Grüsch im Prättigau um die Jahrhundertwende. Die Eisenbrücke über den Kanal baute die Firma Arnold Bosshard, Näfels.

Strecke besitzen zusammen eine Länge von 3055 m. Alle Eisenbrücken baute die 1856 gegründete Glarner Firma Arnold Bosshard + Co., Näfels. Der Stahlbau war – auch in Konkurrenz mit Steinbauten – damals die verbreitetste Bauweise. Viele dieser Fachwerk-Eisenbrücken wurden später für die stärkeren und schwereren Lokomotiven durch Unterspannungen verstärkt. Die Kosten betrugen damals für die Strecke Landquart–Davos rund 6 Millionen Franken.
Landquart war bereits seit 1858 Bahnhof der Vereinigten Schweizerbahnen und wurde eine wichtige Umsteige- und Umladestation. Davos und Klosters entwickelten sich zu weltbekannten Kur- und Ferienorten. Bei der Eröffnung der Linie Klosters–Davos bestand das Stationsgebäude Davos Dorf lediglich aus einer Holzbaracke. Zwei Jahre später, 1892, erstellte die Bahngesellschaft ein richtiges Stationsgebäude, das nach verschiedenen Erweiterungen im Jahre 1978 durch einen grosszügigen Neubau ersetzt wurde.
In den Jahren 1919–21 wurde die Bahnstrecke Landquart–Davos elektrifiziert. 1930 wurde der Kopfbahnhof in Klosters für den moderneren Durchgangsverkehr umgebaut. Die Dampflokomotiven mussten nicht mehr gewendet werden, da eine 75 m lange Eisenbeton-Bogenbrücke über die Landquart mit anschliessendem Kehrtunnel die vorherige Spitzkehre ersetzten. Ingenieur Robert Maillart war der Projektverfasser. Die Firma Prader und Cie., Zürich, baute die feingliedrige Brücke und auch den 400 m langen, halbkreisförmigen Tunnel.

Im Jahre 1978 wurde der im Juni 1975 in Angriff genommene Fuchsenwinkeltunnel zwischen Furna-Station und Schiers eröffnet. Hier fährt ein Zug nach Landquart am Nordportal des im Bau befindlichen Tunnels vorbei.

Die Linie Landquart–Chur–Thusis und die Entstehung der Rhätischen Bahn

Wieder war es W.J. Holsboer, der günstig gesinnte Geldgeber gewinnen konnte, und im Jahre 1890 wurde die Schweizerische Eisenbahnbank in Basel gegründet. Eigentlich war es die zweite Eisenbahnbank des Basler Bankvereins als Konsortium von Privatbankiers (seit 1897 Schweizerischer Bankverein). Diese Bank war zur Übernahme von Eisenbahn- und Elektrizitätswerksbauten bestimmt. Als erstes Ziel galt jedoch die Finanzierung eines einheitlichen Schmalspurnetzes in Graubünden.
Bereits 1890/91 waren die Konzessionen für die Schmalspurbahnen Chur–Thusis und Landquart–Chur der Eisenbahnbank erteilt worden. C. Wetzel, inzwischen Oberingenieur, hatte anfangs 1892 einen Projektvorschlag für die ganze Strecke Landquart–Chur–Thusis ausgearbeitet. Die Schweiz steckte aber bereits in einer schweren Börsenkrise, und die Eisenbahnbank wollte sich vom Bauvorhaben zurückziehen. Es waren schlechte Zeiten, wie die Banksektion der Basler Handelskammer berichtete:

Ein Schnellzug nach Davos auf dem im Sommer 1978 ausser Betrieb gesetzten alten Trassee im Fuchsenwinkel. Links im Bild ist der neue Südeingang des Fuchsenwinkel-Tunnels im Bau sichtbar.

«Man kann weit zurückblicken, um eine Zeit zu finden, welche für die ganze Geschäftswelt so trübe war wie das Jahr 1892.»
Es wurde prozessiert, doch das Jahr 1894 brachte den Umschwung für eine bessere Geschäftsperiode. Am 6. März gleichen Jahres konnte der Vertrag über den Bau der Linie Landquart–Chur–Thusis endgültig abgeschlossen werden. Unter anderem wurde folgende Vereinbarung festgehalten:
«Die Aktiengesellschaft Landquart–Davos überträgt an die Schweizerische Eisenbahnbank die Ausführung der Schmalspurbahn Landquart–Chur–Thusis, beginnend in der Station Landquart der Vereinigten Schweizerbahnen, anschliessend an die Landquart–Davos-Bahn und endigend in Thusis, sowie die Lieferung des Rollmaterials, des Mobiliars und der Geräteschaften, wogegen die Schweizerische Eisenbahnbank der Schmalspurbahn Landquart–Davos die beiden Conzessionen kostenfrei überträgt . . .»

Am 17. Mai 1976 wurde der neue, 786 m lange Fuchsenwinkel-Tunnel durchgeschlagen. Der Vollausbruch im standfesten Bündnerschiefer ergab keine Schwierigkeiten. Die Arbeiten führte die Gemeinschaftsunternehmung Zschokke, Zindel und Lazzarini aus. Für die Projektierung und Bauleitung zeichnete das Ingenieurbüro Hitz in Chur.

Die alte Hexentobel-Gitterbrücke bei Serneus/Mezzaselva. Sämtliche Eisenbrücken der Strecke Landquart–Davos wurden 1889/90 von der Glarner Firma Arnold Bosshard & Cie., Näfels, gebaut.

Das Baubüro, unter der Leitung von Oberingenieur Laubi, wurde in Chur eingerichtet. Am 1. Juli 1896 war die Bahnstrecke Chur–Thusis eröffnet worden. Zwei Monate später konnte das Teilstück Landquart–Chur ebenfalls dem Verkehr übergeben werden.
Die Strecke von 42 km Länge wurde von schweizerischen und italienischen Firmen nach einem neuen Projekt Riggenbach/Schucan gebaut. Von Landquart aus folgt die Talstrecke mehr oder weniger den heute zweispurigen Gleisen der Schweizerischen Bundesbahnen. Zwischen Zizers und Untervaz wird das Trassee der SBB von der Rhätischen Bahn auf einer Eisenbrücke überquert. Es geht vorbei an wandverschindelten Aufnahmegebäuden und Zementfabriken bis zur Hauptstadt Chur. Der Zug fährt weiter durch die Anschwemmungsebene des Rheins, an Felsberg und Domat/Ems mit den bewaldeten «Tumas» vorbei bis Reichen-

au/Tamins, wo Vorder- und Hinterrhein sich vereinigen. Hier trennen sich die Hauptstrecken der Bahnlinie oberhalb der 150 m langen Gitter-Eisenbrücke. Eine Linie führt nach der Surselva. Der andere Schienenstrang steigt in einer weitausholenden Waldschleife hinauf zu den Terrassen von Bonaduz und Rhäzüns. Der Bahnkörper folgt dem Hinter-

Kurz vor dem ersten Weltkrieg wurde die Hexentobelbrüche für die schwereren und stärkeren Lokomotiven durch Hängebogen und Verstrebungen verstärkt.

Klosters

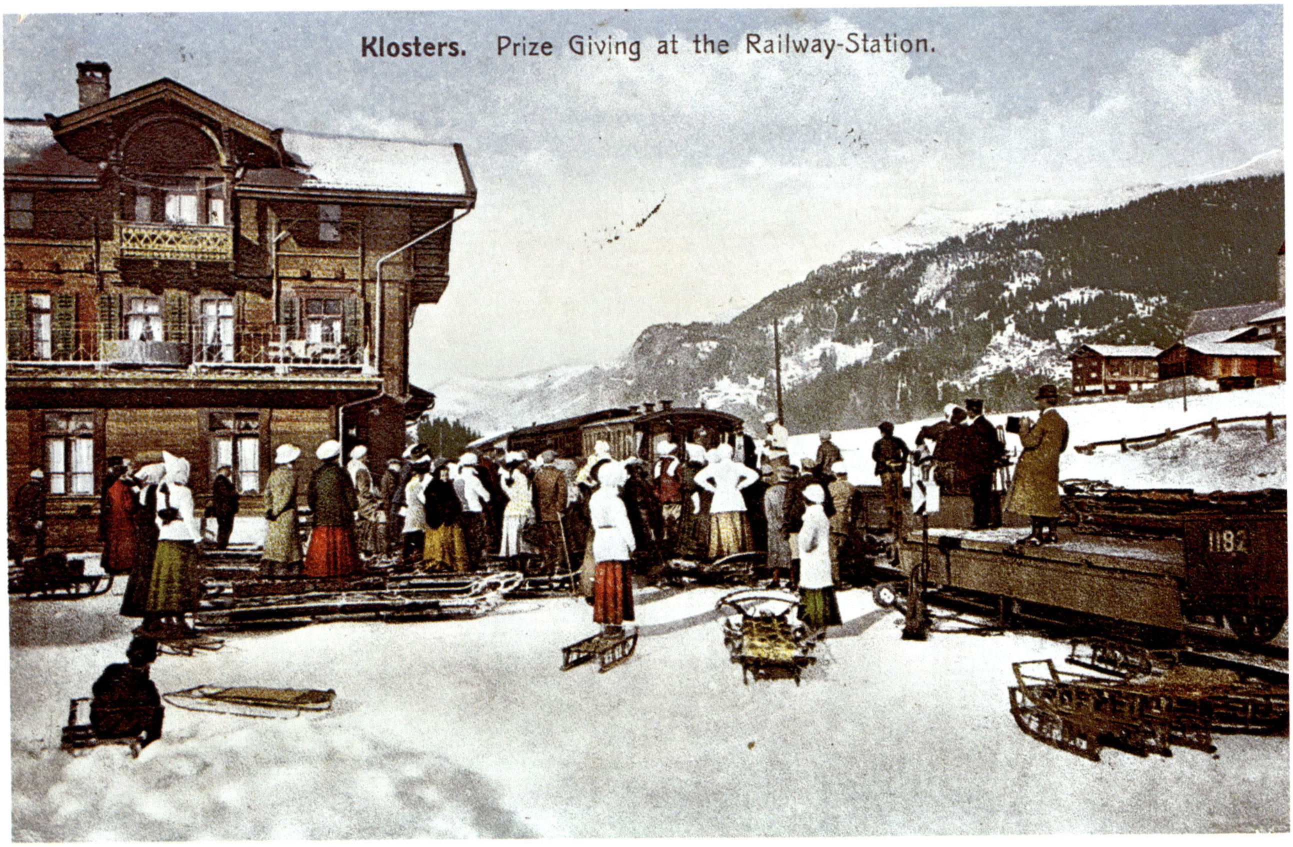
Klosters. Prize Giving at the Railway-Station.
1182

Seit 1930 ersetzen die Beton-Bogenbrücke und der anschliessende, 400 m lange und halbkreisförmige Tunnel die frühere Spitzkehre in Klosters. Die Firma Prader & Cie., Zürich, baute die Brücke und auch den Tunnel. Die 75 m lange Stabbogenbrücke mit einer Bogenspannweite von 30 m wurde von Ingenieur Robert Maillart, dem Bahnbrecher im Betonbau, entworfen. Auf der Brücke liegen die Gleise in einer Kurve. Wegen Untergrundbewegungen musste das Werk bereits im Jahre 1944 saniert werden. Der eingebaute Druckriegel, als Verstrebung zwischen den Widerlagern, dient gleichzeitig als Fussgängersteg.

Oben links: Eröffnung der ersten Eisenbahn-Schmalspurstrecke Graubündens, Landquart–Klosters, am 9. Oktober 1889. An der Spitze des in Klosters einfahrenden Zuges befanden sich die Dampflokomotiven Nr. 1, «Rhätia», und Nr. 2 «Prättigau».

Links: Winterfreuden um 1911. Das Wettschlitteln von Davos nach Klosters wurde ursprünglich von Engländern organisiert. Am Klosterser Bahnhof (Bild) erfolgte die Preisverteilung. Anschliessend verlud man die Schlitten auf die Bahnwagen und fuhr nach Davos zurück.

rhein, durch das Domleschg, das sich bis Thusis erstreckt. Damals wurde jährlich am 21. September der grösste Viehmarkt der Schweiz in Thusis abgehalten. Hier ist der Ausgangspunkt der interessanten Albulabahn, der «von der Natur vorgezeichnete Weg» ins Engadin.
Die Strecke Landquart–Thusis ohne Tunnels bot kaum Bauschwierigkeiten. Für die nun 90 km lange Eisenbahnlinie von Davos nach Thusis betrugen die Baukosten 14,5 Millionen Franken.
Die Bahnunternehmung beabsichtigte, den Verkehr nach Graubünden bereits in Landquart zu übernehmen. Deshalb plante sie einen eigenen Bahnhof auf den Tittwiesen in Chur, also ausserhalb der bereits seit 1858 bestehenden Endstation der Vereinigten Schweizerbahnen. Die Stadt wie auch die Direktion der Vereinigten Schweizerbahnen waren verständlicherweise für einen Gemeinschaftsbahnhof. Eine Einigung kam nicht zustande. Der endgültige Bundesratsentscheid vom 8. November 1895 zwang jedoch die Rhätische Bahn, sich anzupassen. Wenige Jahre später waren die Platzverhältnisse zu knapp. Auf der primitiven Gleisanlage konnte der immer mehr anwachsende Verkehr nicht bewältigt werden. Im Jahre 1926 plante Oberingenieur Bernasconi den Bahnhofumbau, und in den Jahren 1927–33 entstand die heutige Anlage. 1947 erfolgte eine Erweiterung der Abstell- und Rangiergleise. Eine weitere Etappe bedeutete die Legung des zweiten Gleises mit dritter Schiene für den Normalspurverkehr der Emser Werke von Chur nach Domat/Ems im Jahre 1958. Drei Jahre später konnte die Doppelspur bis nach Reichenau/Tamins verlängert werden.
Das Jahr 1894 bringt die entscheidende Namensänderung: aus der Aktiengesellschaft Schmalspurbahn Landquart–Davos wird die Rhätische Bahn, und zwei Jahre später siedelt die Bahnverwaltung von Davos nach der Hauptstadt Chur über.
Das vom Volk im Jahre 1897 angenommene Eisenbahngesetz bezweckte die Erstellung von Schmalspurbahnen zur Verbindung der Haupttalschaften unter sich. Damit hatte die neugegründete Rhätische Bahn eine erweiterte Zielsetzung erhalten, und der Kanton Graubünden übernahm gleichzeitig die Aktien der Schweizerischen Eisenbahnbank in Basel.

Die alte, 100 m lange Eisenbrücke über die Landquart bei Klosters gehörte zur früheren Spitzkehre. Seit dem Umbau des Bahnhofes für den Durchgangsverkehr im Jahre 1930 dient sie als Wegverbindung.

3388 Die Landquart mit Eisenbahnbrücke

Davos-Platz, als die Eisenbahn eröffnet wurde. Im rechten Bildteil, unmittelbar an der Strasse, liegt das erste, von W.J. Holsboer im Jahre 1873 erbaute Kurhaus, das heutige Hotel Europe.

Oben rechts: Landquart um 1916. Von hier aus baute die «Schmalspurbahn-Gesellschaft Landquart–Davos» die Linien nach Davos und Thusis. Die Stationsanlagen der SBB und RhB mit Werkstätten liegen im Riedgelände. Linkerhand mündet die Landquart in den Rhein.

Rechts: Am «Rappengugg», zwischen Zizers und Untervaz, überquert die Rhätische Bahn auf eiserner Brücke die Doppelspur der Schweizerischen Bundesbahnen.

Landquart

Chromolithographie der Rhätischen Bahn mit Fahrplan vom 1. Juni–30. September 1899.

Landquart–Chur–Thusis

Streckenlänge:	42 km
Baubeginn:	Herbst 1894
Eröffnung:	29. August 1896
Elektrifizierung:	1. August 1921

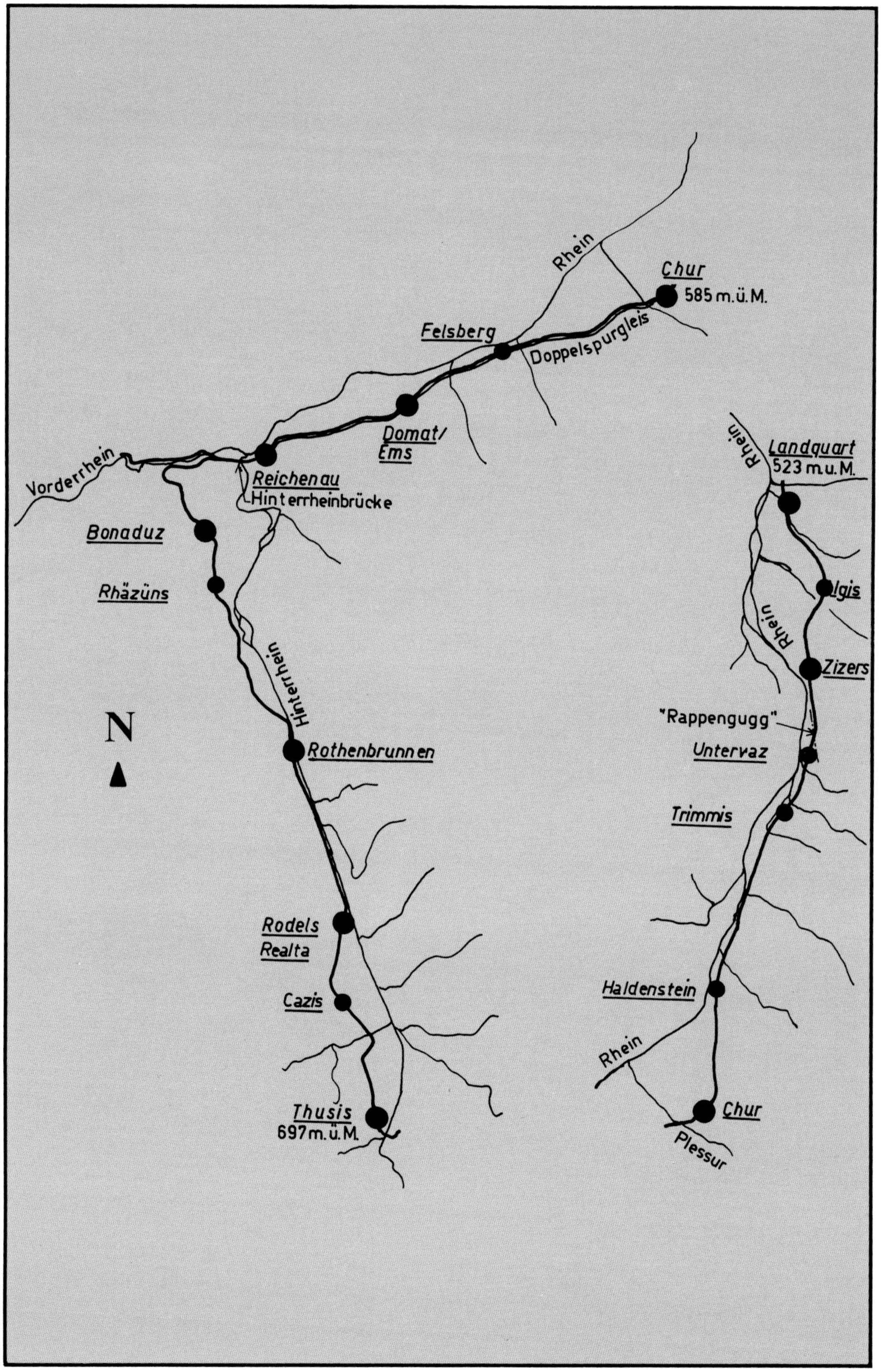

Die Stadt Chur um 1900, Verwaltungszentrum der Rhätischen Bahn. Die Zufahrtsstrecke von Landquart wie auch die Bahnhofanlage befanden sich damals noch an der Peripherie der Stadt.

Das im Jahre 1900 von Emanuel von Tscharner erbaute, neue Hotel Steinbock, gegenüber dem Bahnhof in Chur. Im Jahre 1963 wurde das damals weltstädtische Hotel I. Ranges abgebrochen. Neu entstanden die Magazine zum Globus und das Restaurant Steinbock.

Fahrplan der „Rhätischen Bahn“.

Vom 1. Juni 1897 an.

Davos-Landquart-Chur-Thusis.

						Vom 1. Juli bis 15. September		Vom 1. Juli bis 15. September				Vom 1. Juli bis 15. September		
Davos-Platz	ab		6.00		7.40		10 30						4.15	6.30
Davos-Dorf	„		6.06		7.46		10.36						4.21	6.39
Wolfgang	„		6.15		7.55		10.45						4.30	6.49
Laret	„		6.23		8.03		10.53						4.38	6.57
Klosters	an		6.43		8.22		11.12						4.57	7.17
	ab		6.48		8.27		11.17						5.02	7.25
Klosters-Dörfli	„		6.54		8.33		11.23						5.08	7.31
Serneus	„		7.02		8.41		11.31						5.16	7.39
Saas	„		7.11		8.50		11.40						5.25	7.48
Küblis	an		7.19		8.58		11.48						5.33	7.56
	ab		7.22		8.59		11.49						5.34	8.09
Fideris	„		7.31		9.07		11.57						5.42	8.18
Jenaz	„		7.35		9.11		12.01						5.46	8.24
Furna	„		7.39		9.15		12.05						—	8.28
Schiers	„		7.48		9.23		12.13						5.56	8.39
Grüsch	„		7.56		9.31		12.21						6.04	8.53
Seewis	„		8.01		9.35		12.25						6.08	8.58
Valzeina	„		8.06		9.40		12.30						6.13	9.03
Malans	„		8.12		9.46		12.36						6.19	9.10
Landquart	an		8.16		9.50		12.40						6.23	9.14
	ab	5.40	8.24		9.56		12.49			2.13			6.35	9.19
Igis	„	5.45	8.29		10.01		12.54			2.18			6.40	9.25
Zizers	„	5.49	8.33		10.05		12.58			2.22	4.30		6.44	9.30
Untervaz	„	5.54	8.38		10.10		1.03			2.27	4.35		6.49	9.36
Trimmis	„	5.58	8.42		10.14		1.07			2.31	—		6.53	9.40
Haldenstein	„	6.06	8.50		10.22		1.15			2.39	4.43		7.01	9.49
Chur	an	6.11	8,55		10.27		1.20			2.44	—		7.06	9.55
Chur	ab	6.20		*9.56	10.31				2.10	2.53	—		7.18	
Felsberg	„	6.28		—	10.39				—	3.01	4.58		7.26	
Ems	„	6.35		—	10.45				—	3.07	5.07		7.32	
Reichenau	„	6.45		10.13	10.52				2.29	3.15	5.26		7.39	
Bonaduz	„	7.04		—	11.02				2.39	3.27	5.36		7.49	
Rhäzüns	„	7.08		—	11.06				—	3.31	—		7.53	
Rothenbrunnen	„	7.19		—	11.17				2.53	3.43	5.50		8.05	
Rodels	„	7.28		—	11.25				—	3.51	—		8.13	
Cazis	„	7.34		—	11.30				—	3.56	—		8.18	
Thusis	an	7.42		10.50	11.37				3.11	4.05	6.08		8,25	

Fahrplan der Rhätischen Bahn vom 1. Juni 1897 an. Strecke: Davos–Landquart–Thusis.

Vorhergehende Seite, oben: Reichenau-Tamins. In der Mitte zwischen den Brücken fliessen der Vorder- und der Hinterrhein zusammen. Links im Bild sind die Dächer des Reichenauer Schlosses zu erkennen. Im Vordergrund liegt die Streckenverzweigung der Linien St. Moritz und Disentis/Mustér.

Vorhergehende Seite, unten: Moderner Vorortspendelzug auf der 150 m langen Hinterrheinbrücke bei Reichenau. Im Hintergrund liegen die alte eiserne Strassenbrücke über dem Vorderrhein und das Dorf Tamins mit der hochragenden Kirche.

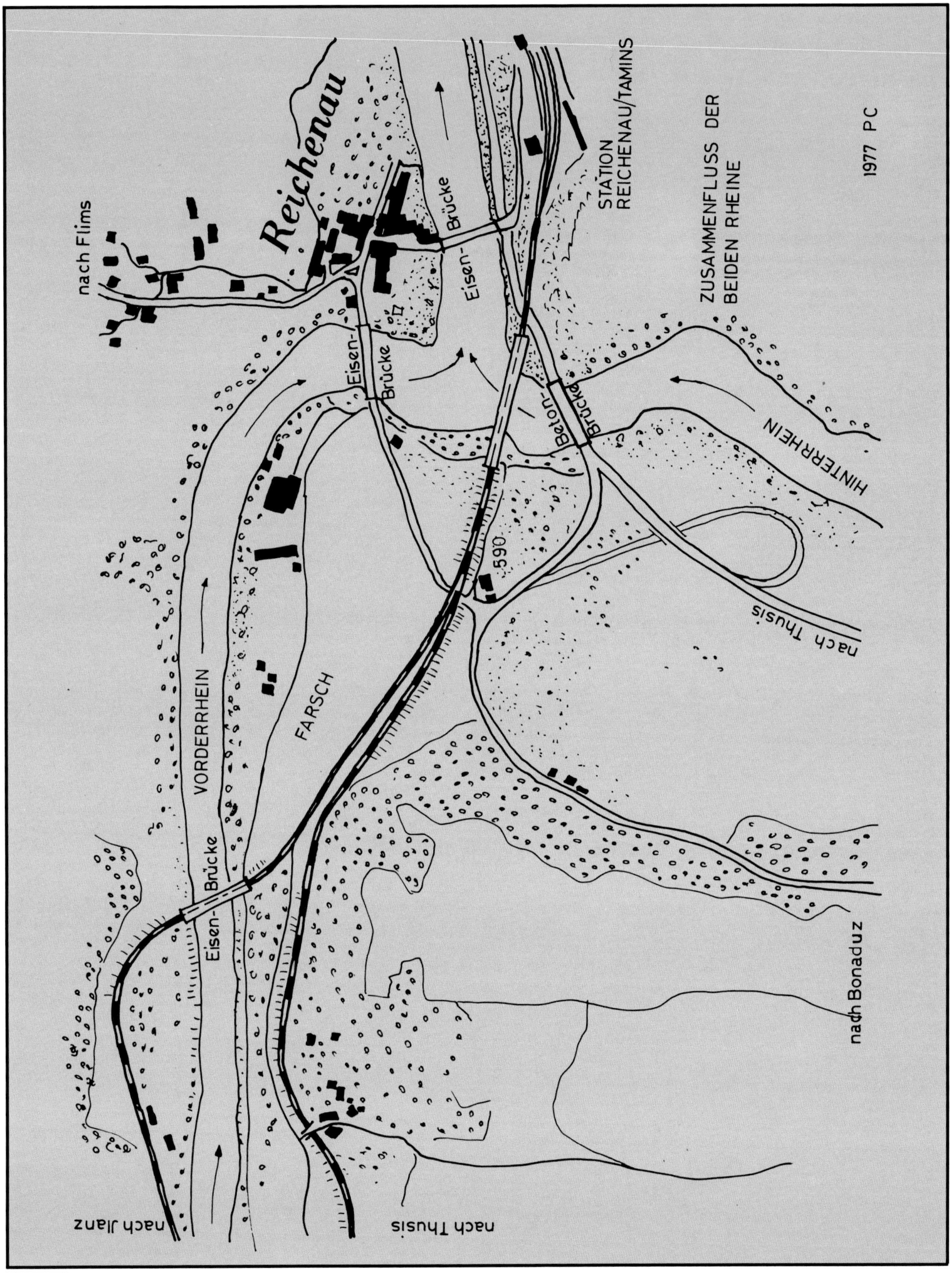

Reichenau
nach Flims
Eisen-
Brücke
Eisen-
Brücke
Beton-
Brücke
STATION
REICHENAU/TAMINS
ZUSAMMENFLUSS DER
BEIDEN RHEINE
1977 PC
HINTERRHEIN
590
nach Thusis
FARSCH
VORDERRHEIN
Eisen-
Brücke
nach Bonaduz
nach Jlanz
nach Thusis

Das Innere der Eisenbrücke über den Hinterrhein. Das Fachwerk zeichnet sich durch besonders ansprechende Geometrie aus. Die feinen Gitterträger zittern und dröhnen bei jedem Zug, der über sie wegfährt.

Zwischen Rhäzüns und Rothenbrunnen, im Bereich der Rheinauen mit den Flussschleifen und Wäldern, verlaufen Bahn und Strasse am linken Ufer in Richtung Thusis.

Thusis gegen die Viamala und Hohenrätien um 1915. Die Bahnlinie überbrückt den Hinterrhein (links unten im Bild), wendet sich dann nach Osten und fährt hoch über dem linken Albula-Ufer in die Schinschlucht.

Thusis–Celerina–St. Moritz
Albulabahn

Streckenlänge:	63 km
Baubeginn:	Oktober 1898
Eröffnung:	10. Juli 1904
Elektrifizierung:	15. Oktober 1919

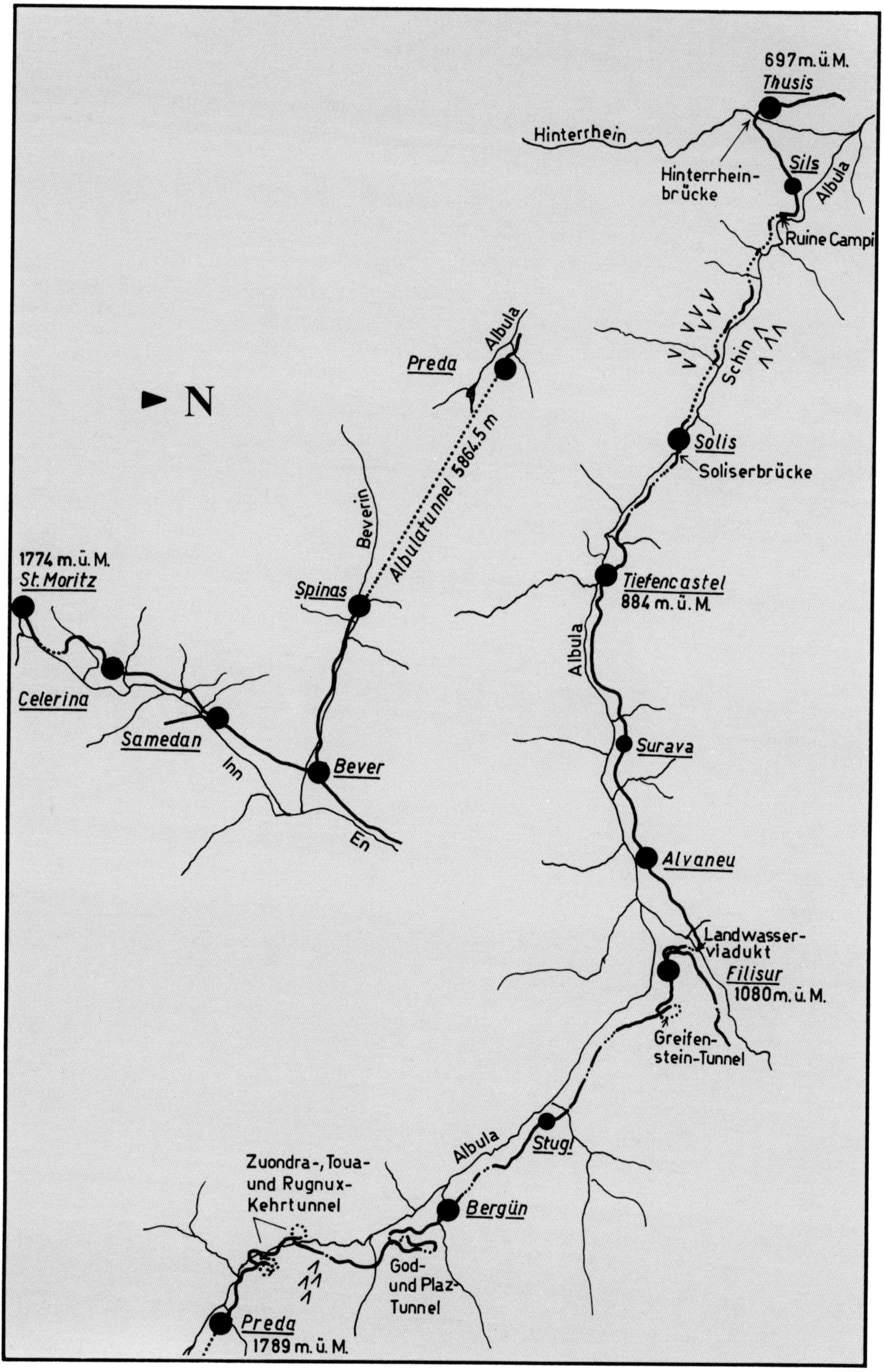

2. Die Albulabahn, der Übergang ins Engadin

Die Prioritätslinien

Als Fortsetzung der bereits bestehenden Bahnlinie Davos–Landquart–Chur–Thusis wurden die beiden Prioritätslinien, nach dem Engadin und nach der Surselva, fast gleichzeitig in Angriff genommen.
Zum Vergleich der Albula- wurde noch eine Julierbahn in Erwägung gezogen. Ein Gutachten von Oberingenieur Moser, Zürich, sprach jedoch im Jahre 1897 zugunsten der Albulalinie. Wie bereits erwähnt, war der Kantonsingenieur Giovanni Gilli in Chur Inhaber der Albulabahn-Konzession. Die deutsche Firma Philipp Holzmann, die am Bau der Linie

Ein Zug von St. Moritz nach Chur rattert über den 230 m langen Hinterrheinviadukt bei Thusis. Die eiserne Fachwerkbalkenbrücke wurde von Theodor Bell & Cie., Kriens, gebaut. Die Konstruktion wies mehrere Neuerungen auf, die damals in der Schweiz erstmals zur Anwendung gelangten.

Landquart–Davos mitgearbeitet hatte, reichte eine Generalofferte mit Projektplänen für die Albulabahn ein. Das Projekt, mit einer geringen Steigung, dafür aber kilometerweiten Längenentwicklungen, wies auch sonst mehrere Nachteile und zu hohe Baukosten auf. Das Konzessionsprojekt Gilli, das zum Teil längere Zahnradstrecken vorsah, war ebenfalls unrealistisch. Schliesslich plante Oberingenieur Moser in Zürich die endgültige Trasseeführung. Am 30. Juni 1898 beschloss die Bundesversammlung in Bern:
«Die Eidgenossenschaft bewilligt dem Kanton Graubünden zum Zwecke

Die alte Postkarte zeigt die Belastungsprobe der Rheinbrücke mittels dreier Mallet-Lokomotiven (je 45 Tonnen Gewicht) und vier kiesbeladener Hochbordwagen am 10. Dezember 1901.

Tunnel am Fusse der Burgruine Campell oberhalb Sils kurz vor dem Eingang zur wilden Schinschlucht. Von hier bis zur Station Solis durchstösst die Bahn auf einer Strecke von rund 8 km 9 Tunnels.

der Erstellung schmalspuriger Eisenbahnen von Thusis über Filisur nach St. Moritz und von Reichenau nach Ilanz eine einmalige Subvention von 8 Millionen Franken unter der Bedingung, dass die Konzessionen des gesamten Schmalspurnetzes der Rhätischen Bahn mit Bezug auf die Rückkaufsbestimmungen vereinheitlicht werden, dass Kanton und Gemeinden Graubündens sich an der Erstellung der genannten Bahnlinien mit einem Betrag von wenigstens 7 Millionen Franken in Aktien beteiligen und dass bei der Ausführung derselben die aus militärischen Rücksichten festgesetzten Forderungen erfüllt werden.»

Die Strecke Thusis–St. Moritz ist bautechnisch die interessanteste Linie der Rhätischen Bahn. Die zu überwindende Höhendifferenz beträgt zwischen Thusis und dem Scheitelpunkt des Albulatunnels 1123 m. Vom

Postkarte mit dem Viadukt bei Solis im Bau 1901. Das Bild wurde von der alten Schinstrasse aus aufgenommen. Im Hintergrund sind die Terrassenwiesen von Obervaz zu sehen. Mit der Höhe von 90 m über dem Wasserspiegel ist der Soliser Viadukt der höchste Übergang der Rhätischen Bahn.

Fertigstellung des 164 m langen Soliser Viaduktes. Die alte Schinstrasse schlängelt sich links und rechts je unter einer Viaduktöffnung hindurch.

Heute sind es drei Solisbrücken und jede aus einer anderen Bauepoche. Sie stehen harmonisch nebeneinander. Im Vordergrund ist die 1868 gebaute steinerne Bogenbrücke der alten Schinstrasse. Ihre Spannweite beträgt 24 m. In der Mitte liegt der 1901/02 gemauerte Eisenbahnviadukt mit einer Hauptöffnung von 42 m Weite. Der dritte, moderne und betonierte Strassenübergang aus dem Jahre 1972 besitzt die Weite von 78 m.

Tunnel bis Samedan fällt die Bahnlinie um 115 m und steigt dann bis St. Moritz wieder um 69 m. Bei der zum Teil verwirrenden Strangentwicklung und den staunenerregenden Kunstbauten kann der Zugreisende ohne weiteres die Orientierung verlieren. Die Albulabahn kostete damals ohne Rollmaterial durchschnittlich 390 Franken je Meter Schienenlänge. Nach einer Bauzeit von rund 5 Jahren konnte die 60 km lange Strecke am 1. Juli 1903 bis Celerina eröffnet werden. Der Weiterbau bis St. Moritz wurde um ein Jahr verzögert, da die Bahnunternehmung und die St. Moritzer Gemeinde über die Lage des Bahnhofes uneinig waren. Der Standort der Station musste schlussendlich durch Bundesratsbe-

Vor Filisur werden der 137 m lange, 35 m hohe Schmittentobel- und der 130 m lange, 65 m hohe Landwasser Viadukt befahren. Folgende Sätze von Erwin Poeschel sind für das Bild charakteristisch: «Gewiss sind die Tobel und Schluchten, die hier überbrückt werden, merkwürdig geschnittene Gebilde des wilden Bergwassers, aber es sind Bestandteile der Landschaft wie hundert andere; hervorgehoben wurden sie erst durch diese Bauten der Ingenieurkunst.»

Der berühmte Landwasserviadukt im Bau 1902. Die drei höchsten Pfeiler wurden von der Firma Müller & Zeerleder ohne eigentliches Gerüst aufgemauert. Im Innern der Pfeiler wurde ein eiserner Turm eingemauert, um mittels Kranbrücken (von Pfeiler zu Pfeiler) das erforderliche Baumaterial hochzuziehen. Diese Baumethode galt damals als sehr fortschrittlich.

Der imposante Landwasserviadukt überquert das Tal in einer Kurve von 100 m Radius und führt direkt in den 216 m langen Landwassertunnel. Das Bauwerk mit den nach oben sich verjüngenden Pfeilern besitzt eine Kubatur von 9200 m³ Mauerwerk. Die Baukosten betrugen Fr. 280 000.–.

schluss bestimmt werden. Am 10. Juli 1904 kam dann das kurze Stück von 3 km, als Fortsetzung von Celerina durch die beiden Tunnels Charnadüra und Argenteri bis zum Bahnhof St. Moritz, in Betrieb.
Der Hauptinitiant des Eisenbahnwesens in Graubünden, W.J. Holsboer, konnte die Eröffnung der beiden Prioritätslinien nicht mehr erleben. Er erlag am 8. Juni 1898 im Alter von 64 Jahren einem Schlaganfall. Seiner Initiative verdankt die Rhätische Bahn ihre Entstehung.
Mit bis zu 5300 Mann wurden in 11 Bausektionen, unter der Oberbauleitung des bekannten Ingenieurs Fritz Hennings, über 55 grössere Viadukte mit rund 2700 m Gesamtlänge sowie 39 Tunnels, viele Mauern, Galerien und Rampen gebaut. In grösserem Ausmass kam erstmals das gemauerte, granitene Gewölbe bei den Viadukten zur Ausführung.
Schon früh, d.h. bereits im Jahre 1898, untersuchte die Berliner Firma Siemens & Halske eine mögliche Anwendung der Elektrizität bei der Albulabahn. Mangels Erfahrung in der Elektrifizierung und als zu grosses Wagnis im Gebirge wurde jedoch zugunsten des bewährten Dampfbetriebes entschieden.

Von Thusis nach Filisur und Bergün

Unmittelbar nach der Station in Thusis überquert die Bahnlinie den Hinterrhein. Die dortige Brücke besitzt eine Gesamtlänge von 230 m. An

Der Landwasserviadukt aus der Froschperspektive. Oberingenieur Bernasconi war der Schöpfer des Überganges. Zu diesem Bild passen die Worte von Erwin Poeschel: «Erst die Überbrückung lässt uns die Tiefe des Absturzes bewusst werden, erst die Horizontalbewegung hilft der Vertikalen zu ihrer ganzen Gewalt, und erst durch das Bauwerk wird der zufällige Naturausschnitt zu einem Bild.»

beiden Enden der 80 m langen, eisernen Fachwerkbalkenbrücke wurde der Viadukt mit 3, resp. 6 Öffnungen aufgemauert. Die Strasse nach Sils verläuft durch eine dieser Öffnungen. Im Dezember 1901 wurde die Stahlbrücke von der Brückenbauanstalt Theodor Bell & Cie., Kriens, einer Belastungsprobe unterzogen. Die Konstruktionsart wies mehrere Neuerungen auf, die damals in der Schweiz erstmals zur Anwendung gelangten.

Bei der Albulabahn war der Bau von Eisenbrücken eher selten. Die Leitung der Rhätischen Bahn hatte den Grundsatz, dass überall dort, wo dies möglich war, die Brücken aus Natursteinen zu bauen seien, da sie alle Ansprüche hinsichtlich Verschleiss, Witterungsbeständigkeit und

Zug mit einer Mallet-Dampflokomotive auf der mittleren Stufe der Bahnschleife oberhalb Bergün um 1904. Die Bahn zieht sich an den Hang des Val Tuors, um nach rund 400 m in den Platz-Kehrtunnel zu fahren.

Dauerhaftigkeit bestens befriedigten. Die Bausteine wurden meistens in den nahen Steingruben aus den Felsen gebrochen, und die geübte Hand des Steinmetzen gab den Quadern die richtige Form und Fläche. Der Patina, die den grellen Ton frischgebrochener Steine milderte, war schliesslich die erfreuliche Wirkung der Bauwerke zu verdanken.
Die Bahnlinie windet sich an Sils vorbei, weiter durch das wilde Albulatal, das den Reisenden neue landschaftliche Überraschungen in der tiefzerrissenen Schinschlucht erschliesst. Gleich nach der Ruine Campi befand sich ein schwieriger Baugrund. Die Felswände der fast senkrecht abfallenden Schlucht sind lose und verwittert, so dass aufwendige Fundamentierungs- und Stützbauten erforderlich waren. Bis Filisur folgt eine lange Kette von 30 Brücken und 15 Tunneln mit einer Gesamtlänge von rund 4300 m.
In Solis rollt der Zug 90 m hoch über die schäumende Albula. Beim Betrachten der Soliserbrücken wird man sich der Kühnheit bewusst, die die Brückenbauer aufgebracht haben müssen, um diese wilde Kluft zu bezwingen. Hier stehen drei Brücken, drei Bauepochen harmonisch nebeneinander und erfüllen ihre Aufgabe als Medium der Verbindung. Einmal steht an der alten Schinstrasse die steinerne Bogenbrücke aus dem Jahre 1868. Sie besitzt eine Spannweite von 24 m. In der Mitte liegt der mit Quadern schön gemauerte Eisenbahnviadukt als höchster Übergang bei der Rhätischen Bahn. Als drittes Objekt ruht seitlich die im

Lawinenverbauung und Aufforstung Muot zwischen Bergün und Preda. Bis auf eine Höhe von 2300 m wurden in den Jahren 1901 bis 1907 rund 500 Mauern von zusammen 11 km Länge erstellt. Dazu kamen noch einige Kilometer Schneerechen und -brücken. Da der Lawinenzug «Blais dla Chaneletta» wegen der grossen Steilheit nicht verbaut werden konnte, musste eine 117 m lange Schutzgalerie erstellt werden. Der Modellausschnitt (rechts, Naturhistorisches Museum, Chur), zeigt die Waldflächen im Jahre 1938. Der Vergleich mit der neueren Aufnahme vom August 1977 ist aufschlussreich.

Jahre 1972 gebaute moderne Strassenbetonbrücke. Ihre Spannweite beträgt 78 m.
Der schöne Bahnviadukt wurde 1901/02 gebaut. Ingenieur Hans Studer berechnete die Statik. Diese Steinbogenbrücke wurde als erste in der Schweiz nach der sogenannten Elastizitätstheorie genau berechnet. Die

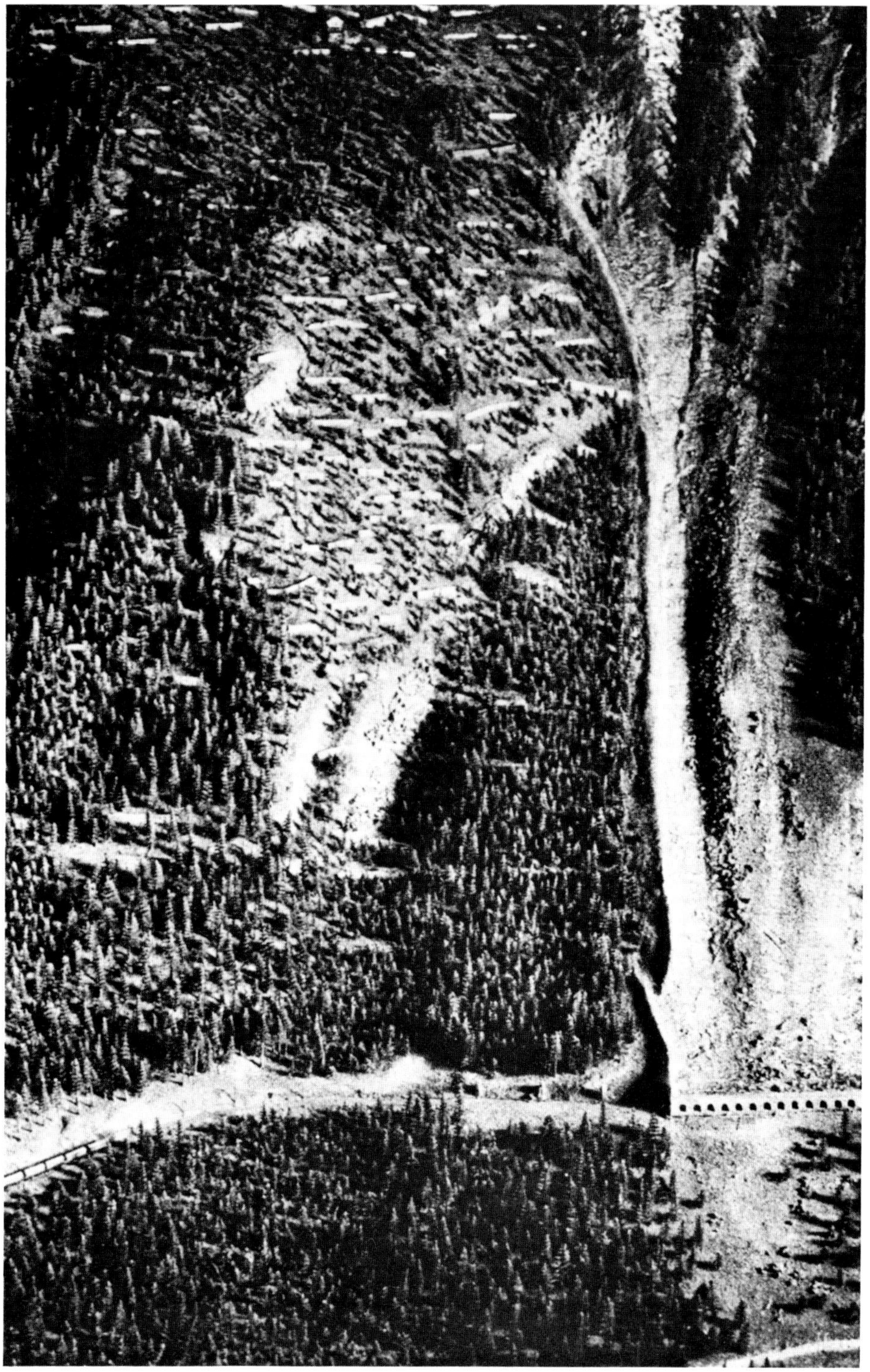

Anwendung dieser Berechnungsweise erlaubte, die Gewölbe besonders schlank und parabelförmig zu konstruieren. Das Werk besitzt 10 Öffnungen zu je 10 m und einen Hauptbogen von 42 m Weite. In der knappen Zeit von einem Jahr wurde die Brücke von der Firma Munari, Cayre und Marasi gebaut. Die Baukosten betrugen 125 000 Franken.
Über Tiefencastel erreicht der Zug die Ortschaften Surava, Alvaneu und

Filisur. Dort wohnten zur Zeit des Bahnbaues rund 300 italienische Arbeiter. Durch den Anschluss der Davoser Linie im Jahre 1909 wurde Filisur eine wichtige Bahnstation. Rund 1 km unterhalb dieser Station befinden sich der Schmittentobel- und der von Ingenieur Bernasconi projektierte, von weitem sichtbare Landwasserviadukt. Das zuletzt genannte Bauwerk ist der grösste Übergang der Albulalinie. Sein Mauerwerk besitzt eine Kubatur von 9200 m^3. Der Viadukt klebt einerseits an einer senkrechten Felswand, und der darüber fahrende Zug mündet direkt in den 216 m langen Landwassertunnel. Überdies liegt die hochbeinige Brücke in einer Kurve von 100 m Radius. Mit 5 Öffnungen von 20 m Weite und einer Höhe von 65 m über der Landwasserflut gehört das vielbewunderte Objekt zur wilden Landschaft, als ob es schon immer dagewesen wäre. Die drei höchsten Pfeiler wurden von der Unternehmung Müller & Zeerleder ohne äusseres Gerüst aufgemauert. In jedem Pfeiler wurde ein eiserner Turm eingemauert, und so konnte mittels eiserner Kranbrücken von Pfeiler zu Pfeiler das erforderliche Baumaterial mit Seilwinden hochgezogen werden. Die Baukosten betrugen 280 000 Franken.
Um den Höhenunterschied von 350 m bis Bergün zu überwinden, mussten rund 1200 m lange Streckenentwicklungen eingeschaltet werden. Beim Bau der grossen Schleife oberhalb Filisur, mit anschliessendem 700 m langen Greifenstein-Kehrtunnel, verloren am 9. August 1901 infolge eines Tunnelgerüst-Einsturzes Oberingenieur Perbs und fünf Arbeiter das Leben.

Zwischen Bergün und Preda

Das grosse Erlebnis der Albulafahrt beginnt eigentlich kurz nach Bergün. Schlangenartig windet sich die Bahnlinie mit vielen Kehren, Brücken, Kehr- und gewöhnlichen Tunneln die steilen Rampen empor. Während die direkte Entfernung von Bergün nach Preda nur 6 km beträgt, musste zur Überwindung der 416 m Höhendifferenz die Bahnstrecke auf 12 km verlängert werden. Der Bau der anspruchsvollen Linie erforderte turmhohe Talbrücken über die Albula, viele Galerien und Lawinenschutzbauten. Die Höhe musste wie bei einer Schraube durch die berühmten God-, Plaz-, Rugnux-, Toua- und Zuondra-Kehrtunnel überwunden werden. Beim Bau bereitete vor allem der 660 m lange Rugnux-Kehrtunnel grosse Schwierigkeiten. Der heftige Andrang von sehr kaltem Bergwasser, dessen Temperatur im Sommer und im Winter 4 Grad Celsius betrug, erschwerte die Arbeit der halb erstarrten Mineure

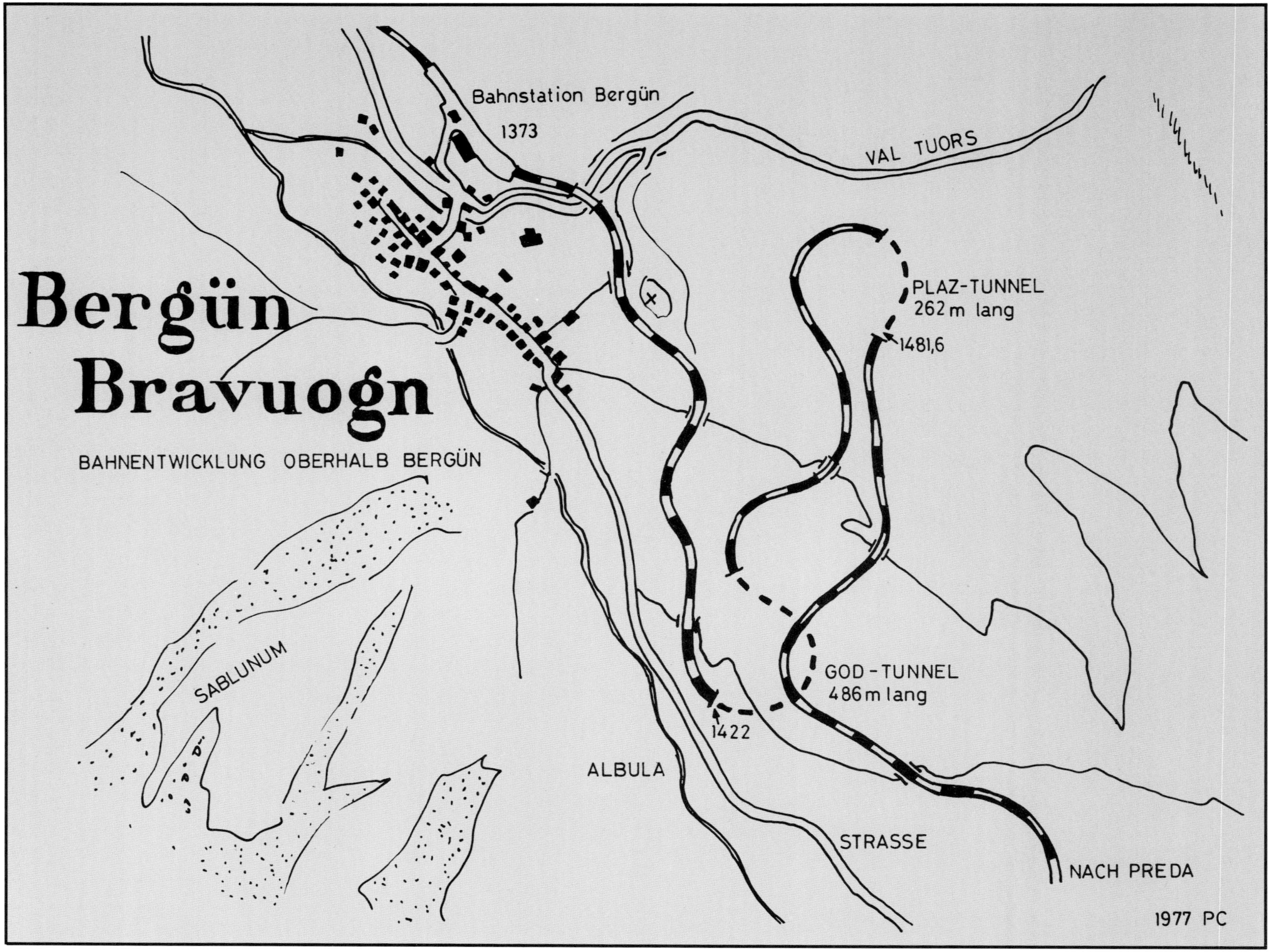
Bergün
Bravuogn
BAHNENTWICKLUNG OBERHALB BERGÜN
Bahnstation Bergün
1373
VAL TUORS
PLAZ-TUNNEL
262 m lang
1481,6
GOD-TUNNEL
486 m lang
1422
SABLUNUM
ALBULA
STRASSE
NACH PREDA
1977 PC

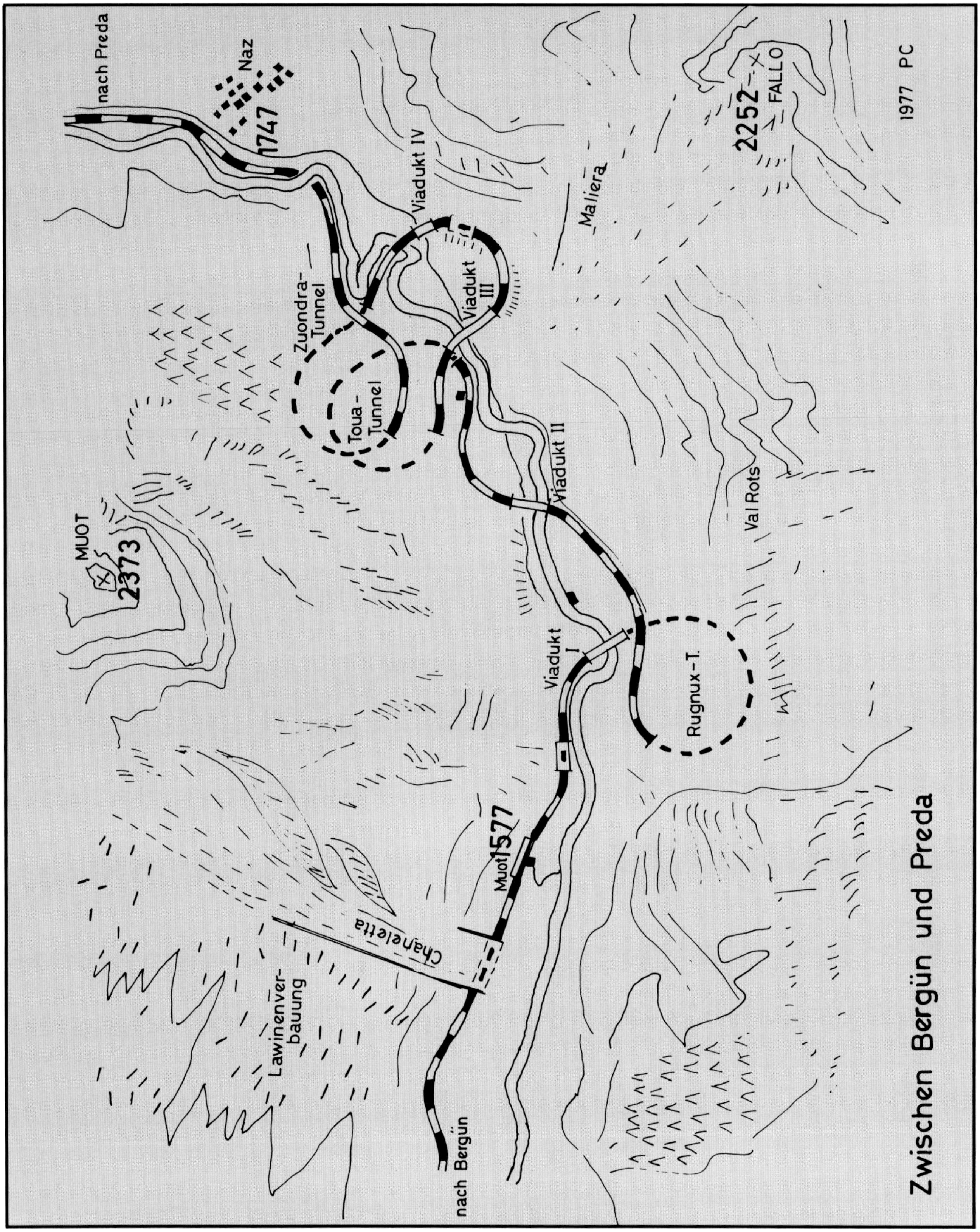

Zwischen Bergün und Preda. Ein Labyrinth aus Kehren, Brücken und Spiraltunneln. Von Filisur bis Preda waren 6 Kehrtunnel und 3300 m künstliche Längenentwicklungen nötig, um die Höhe von rund 750 m zu überwinden.

Von Viadukt zu Viadukt überwindet der Zug mit der Mallet-Dampflokomotive die Höhenstufen zum Albulatunnel. Viermal führen die Brücken über die Albula in der Talenge unterhalb Preda. Die Viadukte wurden von unten nach oben mit den römischen Zahlen I, II, III und IV (im Bild nicht sichtbar) bezeichnet. Noch stehen die Arbeiter- und Materialbaracken vom Bahnbau.

ungemein. Finanzielle Bedrängnis zwang schliesslich die Unternehmung Aebli, Hünerwadel & Maternini, die Tunnelarbeiten einzustellen. Der Tunneldurchschlag erfolgte dann durch die Regiebauleitung des ebenfalls schwierigen Albulatunnels.

Im Vordergrund liegt eine Öffnung des Viaduktes I. Dieser befindet sich kurz vor der Einfahrt in den 660 m langen Rugnux-Kehrtunnel. Der Zug nach St. Moritz hat soeben den genannten Tunnel am oberen Portal verlassen und rollt über den Lehnenviadukt in Richtung des Albulaviaduktes II.

Kehrtunnels zur Gewinnung von Höhe wurden das erstemal beim Bau der Triberger Schwarzwaldbahn angewendet. Zum Schutze der Bahnlinie im Winter waren oberhalb Bergün die Lawinengalerien Chaneletta und Maliera notwendig. Auf rund 700 m Länge musste der Schienenstrang durch umfangreiche Lawinenverbauungen auf Muot gesichert werden. Bis auf eine Höhe von 2300 m wurden rund 500 Mauern mit insgesamt 11 km Länge und einige Kilometer Schneerechen erstellt.
In den Jahren des Bahnbaues, zwischen 1898 und 1903, arbeiteten etwa 1000 meist italienische Mineure, Maurer und Hilfsarbeiter zwischen Bergün und Preda. Seit dem Bahnbau ist Preda, das vorher nur Maiensäss war, das ganze Jahr bewohnt. Gleichzeitig baute Gian Pfister das Hotel «Preda-Kulm.»
Der Taglohn der am Tunnelbau beteiligten Mineure betrug damals bei achtstündiger Schicht zwischen Fr. 3.60 und Fr. 4.–. Dazu kam je nach Vortriebsleistung eine Tagesprämie von Fr. 1.20 bis Fr. 4.50. Auf der offenen Strecke verdienten der Erdarbeiter Fr. 3.50 bis Fr. 4.– und der Vorarbeiter Fr. 4.50 bis Fr. 5.– pro 11-Stunden-Arbeitstag. Das Jahresgehalt des Bauführers betrug Fr. 4000.– und das der Sektionsingenieure rund das Doppelte.

Ein Zug nach Chur befindet sich auf dem 137 m langen und 28 m hohen Albulaviadukt III. Links im Bild ist der Viadukt II zu sehen. Oben rechts liegen die Portale der Toua- und Zuondra-Kehrtunnels. Die Höhendifferenz der beiden Tunnelmündungen beträgt rund 50 m.

Als Vergleich zu diesen Tages- oder Jahresgehältern kostete beispielsweise die Pension im Gasthause, bestehend aus Logis, Frühstück, Mittag- und Nachtessen, zwischen Fr. 5.– und Fr. 7.– pro Tag. Ein gutes Mittagessen in der Gaststube belief sich auf rund Fr. 2.50. Tausende von italienischen Arbeitern an der ganzen Bahnlinie verpflegten sich jedoch weit billiger in den Kantinen und lebten in primitiven Barackensiedlungen. Ihre Kosten für Essen, Trinken und Schlafen betrugen rund Fr. 1.50 pro Tag und Person.

Wie Christian Caduff in der «Bündner Zeitung» (Beilage: «75 Jahre Albulabahn», 22. Juni 1978) zu berichten wusste, lag damals an der Strassenabzweigung nach Mutten, beim Muttner Tobel im Schin, ein Barackendorf. Diese Siedlung wurde der Italiener wegen «Calabria» genannt. Der Name für die Örtlichkeit blieb bis heute erhalten. An Sonn- und Feiertagen kam es bei den Arbeitern öfters zu Streitigkeiten. Um grössere Messerstechereien zu verhindern, forderte die Bauleitung einen Polizisten an. Einmal, beim Schlichtversuch eines heftigen Kra-

walls, wurde Polizist Ravizza selbst angegriffen. Er musste zur Waffe greifen, und ein Arbeiter wurde niedergeschossen.
Die interessante Bahnentwicklung stellt eigentlich nicht nur vom Technischen her eine grosse Leistung dar, sondern ermöglicht auch den Bahnreisenden eine ausserordentliche Verkehrssicherheit. Jeden Morgen vor dem ersten Zug findet beispielsweise auf der Strecke Preda–Filisur, im Sommer mit der Velodraisine und im Winter zu Fuss, eine Gleiskontrolle statt. Einzelne Unfälle, die sich in all den Jahren ereigneten, beruhten leider auf menschlichem Versagen. So stiessen in der Silvesternacht vom Jahre 1927 auf dem 100 m langen und 40 m hohen Tischbach-Viadukt, unterhalb der gemauerten Chaneletta-Galerie, zwei Züge zusammen. Der verspätete Schnellzug nach Chur fuhr, statt in Muot anzuhalten, über diese Kreuzungsstation hinaus. Beim Zusammenstoss wurden ein Zugführer und zwei weitere Bahnangestellte verletzt. Drei Ge 6/6-Lokomotiven mit den Betriebs-Nrn. 405, 406 und 407 sowie vier weitere Wagen wurden stark beschädigt.

Der Albulatunnel

Für Kinder ist es immer wieder ein aufregendes Erlebnis, wenn der Zug bei Preda in den fast 6 km langen Albulatunnel einfährt und bei Spinas im Beversertal im Oberengadin ans Tageslicht kommt. Hier zweigt die Bahnlinie nach Scuol–Tarasp von der Hauptlinie nach St. Moritz ab.
Der Lichtraum des Tunnels misst 19,9 Quadratmeter. Der Scheitelpunkt liegt auf 1820 m Höhe. Damit ist der Albulatunnel der höchstgelegene Alpendurchstich der Schweiz. Die Rhätische Bahn beauftragte den Churer Ingenieur R. Wildberger mit den Vermessungsarbeiten zur Festlegung der zukünftigen Bahnachse. Beim Tunnelbau besorgte Sektionsgeometer Graf die Vermessungsarbeiten. Mit Vorliebe soll er seine Theodolit-Ablesungen im dunklen Innern bei Kerzenlicht gemacht haben. Hunderte von rauchigen Karbidlampen waren sonst die übliche Beleuchtung im Tunnel.
Das Vortreiben des Sohlstollens wurde in Preda am 15. Oktober und in Spinas am 1. November 1898 in Regie, also vor der Arbeits-Ausschreibung, in Angriff genommen. Die Regiebauleitung der Rhätischen Bahn wollte vor dem Schneefall in den Berg eindringen, um im Winter ungestört arbeiten zu können. Am 16. Januar 1899 wurden dann die Arbeiten am Tunnel, inklusive je etwa 3 km lange Anschlussrampen, an die italienische Unternehmung Ronchi & Carlotti (später Ronchi & Maioli) vergeben. Die eingereichten Offertsummen variierten zwischen 5 und 8,6

Der Albulaviadukt III mit dem Toua-Kehrtunnel heute und kurz vor der Streckeneröffnung im Jahre 1903. In weniger als einer Minute durchfährt der Schnellzug derzeit den 670 m langen Kehrtunnel, der einen Radius von 120 m hat.

Die Entwicklung der Albulabahn unterhalb Preda. Solche Aufnahmen sind heute nicht mehr möglich, da der Wald in den vielen Jahren gewachsen ist. Das Tannenkleid verdeckt den Schienenstrang mit den vielen Schleifen.

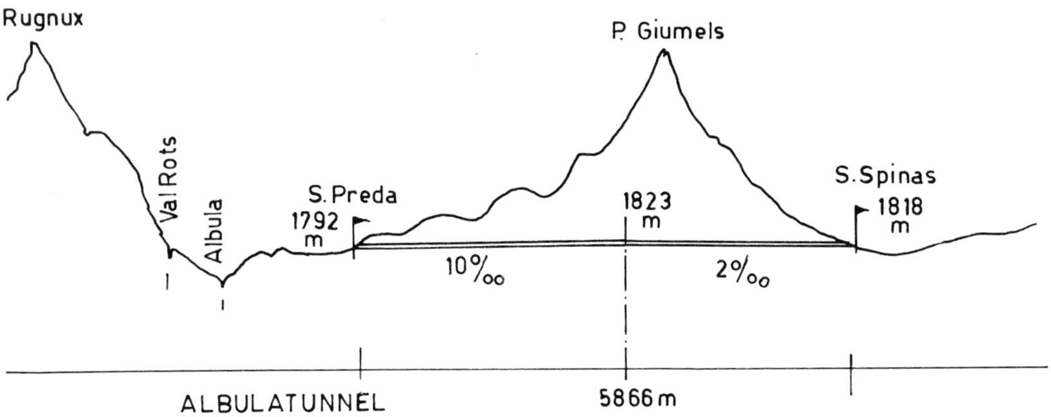

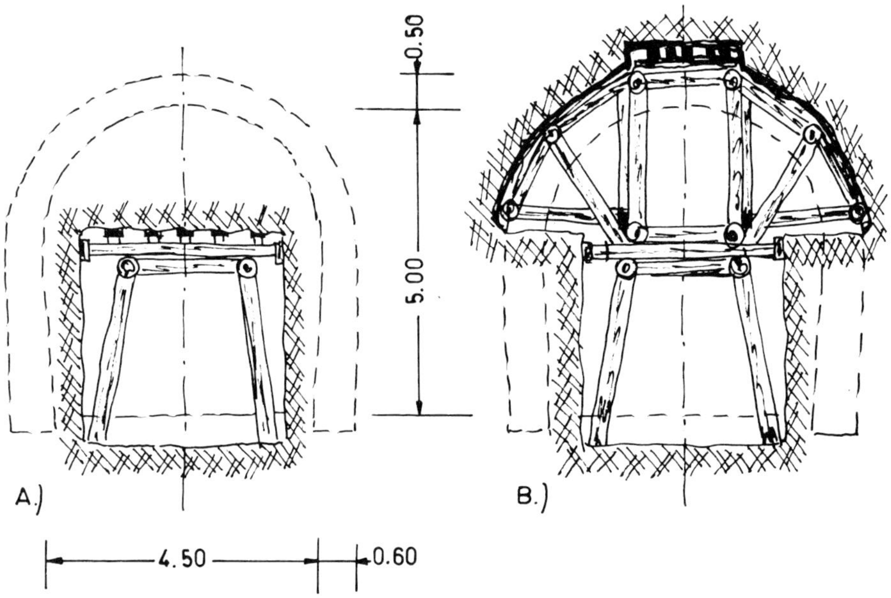

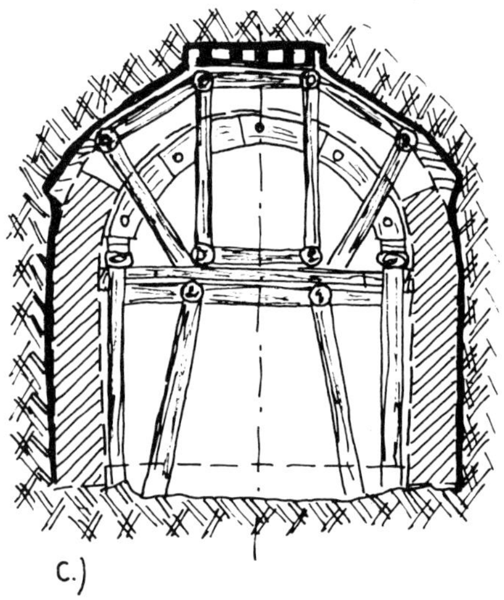

TUNNELPROFIL

A.) Richt- oder Sohlstollen zur Absteckung der Tunnelrichtung, Entwässerung des Gebirges.

B.) Ausweitung des Firststollens, oder der Kalotte. Der Holzeinbau muss laufend angepasst werden.

C.) Sohlstollen auf das volle Profil ausgeweitet. Mauerung der Widerlager und Schalung des Gewölbes.

Lichtraum: 19.90 m²

1977 PC

Postkarte um 1902. Die Werkbahn mit Arbeitern am Nordeingang des Albulatunnels. In Preda, das nur Maiensäss war, entstanden zahlreiche Unterkunftsbaracken, ein Kindergarten und ein kleineres Spital.

Millionen Franken. Die Abrechnungssumme betrug dann schliesslich rund 7,2 Millionen Franken.

Der Tunnelbau dauerte vier Jahre. 500 bis 600 Arbeiter – die höchste Zahl der im Tunnelbau beschäftigten Arbeiter betrug 1316 – rückten je von Süden und von Norden her stetig gegen die Tunnelmitte. Am 13. Oktober 1899 konnte mit dem maschinellen Vortrieb angefangen werden, wobei Löcher von etwa 8 cm Durchmesser in den harten Granit gebohrt wurden. Die 1,4 m langen Bohrlöcher dienten zur Aufnahme des Sprengstoffes. Der Rollwagenzug beförderte die anschliessend abgesprengten Gesteinsmassen ins Freie. Zuerst entstand ein Richt- oder Sohlstollen, der noch nicht den vollen Durchmesser des Tunnels besass. Er diente im wesentlichen der Absteckung der Tunnelrichtung, dem späteren Vollausbau und der Entwässerung des Gebirges. Über dem Richt- wurde dann der Firststollen vorgetrieben. Nach deren Vollendung konnte der Sohlstollen auf das volle Profil ausgeweitet werden.

Für den Vortrieb kamen hydraulische Stossbohrmaschinen des Systems Brandt zur Anwendung. Alfred Brandt (1845–1899) hatte für den Bau des Arlbergtunnels zusammen mit der Firma Gebrüder Sulzer in Winterthur eine Gesteinsbohrmaschine konstruiert, die mit Wasserkraft angetrieben

«Gruss aus der Zukunftsstadt Preda», so lautet die Überschrift dieser «Carte postale». «Chalet Nicolay» mit der Albulapost. Der Tunneleingang und davor die Materialwagen. Ankunft der Werkbahnlokomotive mit der Spurweite von 73 cm. Für die Werkbahn, die zum Teil zweispurig verlegt wurde, waren rund 10 000 m Gleis vorhanden. Zum Abtransport des Ausbruchmaterials standen 330 Rollwagen und 5 Dampflokomotiven im Einsatz.

wurde. Zu diesem Zwecke mussten die vorhandenen Wasserkräfte Palpuognasee und Beverin (die früher von den Ingenieuren Kuoni und Gruner projektiert waren) von der italienischen Unternehmung Ronchi & Carlotti ausgebaut werden. Mit der zusätzlichen Turbinenkraft wurden die Tunnelventilation, die Werkstätte wie auch die Beleuchtung in Preda versorgt.

Der grösste Tagesfortschritt der Maschinenbohrung in hartem Granit betrug an der Nordseite rund 9 m. Drei Maschinen arbeiteten gleichzeitig, wobei 10 Löcher in rund 2 Stunden gebohrt wurden. Innerhalb 24 Stunden erfolgten dann 4 bis 5 solcher Angriffe. Die Bohrschneider mussten in der Regel schon nach 16 cm Bohrung ausgewechselt werden. Der durchschnittliche Verbrauch an Dynamitsprengstoff betrug 21 kg pro Meter Tunnellänge.

Es war vorgesehen, alle Arbeiten bis September 1902 zu beenden. Doch es kam anders als geplant: An beiden Eingängen wurde die Arbeit durch

Gegenüberliegende Seite. Oben: Porträt vor dem Tunnelportal in Preda. Stolz stehen die Pioniere vor der Kamera. Die wichtigsten Geräte wie Bohrmaschine und Vermessungsinstrumente wurden im Vordergrund plaziert. Unten: Für über 1000 Arbeiter in Preda und Spinas dienten primitive Baracken mit vielen Blechrohrkaminen als Unterkunft während der langen Bauzeit.

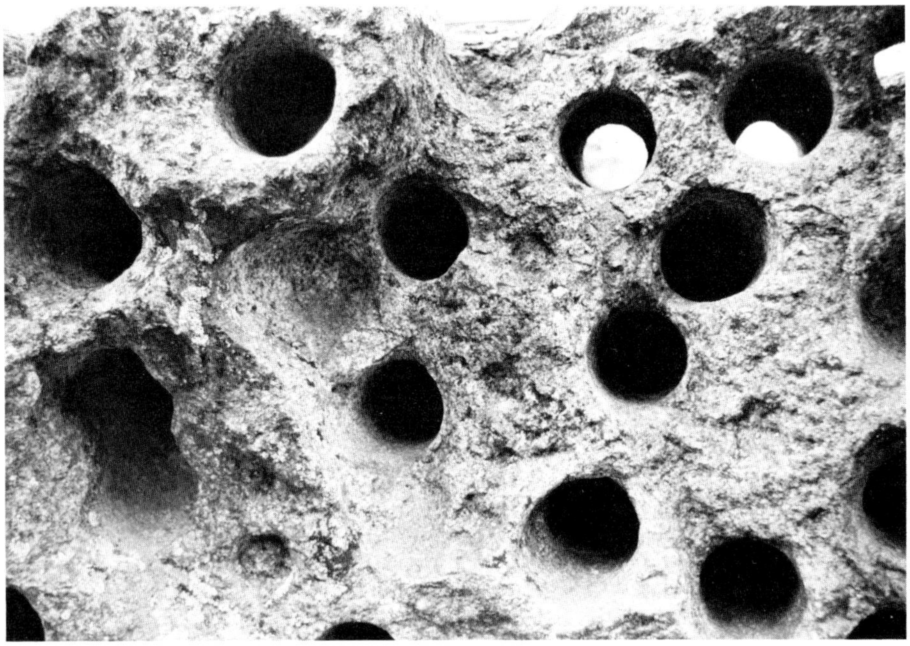

Albula-Granitfels mit Bohrproben bei der Station Preda. Dazu eine Metalltafel mit folgender Inschrift: «Vom Bau des Albulatunnels 1899 bis 1902. Vorn: Bohrproben; hinten: Stein, der drei Arbeiter erschlug; dreizehn andere verloren noch das Leben. Ihr Opfer sei nicht vergessen!»
Die Bohrlöcher weisen einen Durchmesser von 8 cm auf.

Gegenüberliegende Seite, oben und Mitte: Die Brandt'sche Stossbohrmaschine. Der Schweizer Ingenieur Alfred Brandt (1845–1899) hatte für den Bau des Arlbergtunnels zusammen mit der Firma Gebrüder Sulzer in Winterthur eine Gesteinsbohrmaschine entwickelt, die mit Wasserkraft angetrieben wurde. Im Jahre 1879 trat die Maschine im Pfaffensprung-Kehrtunnel der Gotthardbahn in Wettbetrieb mit der Pressluftbohrmaschine. Das Gerät war anschliessend an mehreren Tunnelbauten beteiligt. So fand es im Jahre 1898 beim Bau des Albulatunnels Verwendung. Die Maschine arbeitete fast geräuschlos, und das Abwasser der Motoren diente zur Spülung der Bohrlöcher, wodurch die schädliche Staubentwicklung vermieden wurde.

starken Wasserzudrang erschwert. Das schlechte Gestein (im Norden waren es 1258 m und im Süden 260 m bis zur 4348 m langen Granitstrecke), die Mühsal, die Schwierigkeiten und Probleme erschwerten die Arbeit so sehr, dass die Unternehmung immer mehr und mehr den Mut verlor. Oft konnten an einem Tag nur wenige Zentimeter gewonnen werden. Auf der Südseite, rund 110 m vom Portal entfernt, stürzte am 19. November 1899 der im Vollausbruch befindliche Tunnel auf 12 m Länge ein. Der Einsturztrichter – das Material bestand aus feinem Granitsand mit grossen Findlingen – war rund 25 m hoch und reichte bis an die Erdoberfläche. Glücklicherweise gab es keine Toten. Acht Monate lang, also bis im Sommer 1900, dauerte die schwierige Rekonstruktion des zerstörten Stollens. Mitte April gleichen Jahres drang eine gewaltige Quelle von 300 Litern pro Sekunde in die Tunnel-Nordseite ein. Die Arbeiterschaft steckte kniehoch im kühlen Nass und watete mühsam umher. Bei der tiefen Wassertemperatur von nur 6° C vermochten die Mineure darin nur ganz kurze Zeit auszuhalten. Zudem wurden sie ständig von Felsstürzen bedroht. Am 6. Juni 1900 musste die Maschinenbohrung infolge schlechten Materials für ganze 15 Monate eingestellt werden. Das Gestein, ein Zellendolomit, zerbröckelte und verwandelte sich in eine bewegliche, unheimliche Masse. Heftige Sand- und Wassergüsse drangen in den Stollen ein. Gleise und Werkzeuge versanken im Schlamm. Das Berginnere drohte buchstäblich alle menschlichen Anstrengungen zunichte zu machen. Es gab Momente, wo die Ingenieure Bevilaqua und Lienhard zu zweifeln begannen. Ein mühsamer Holzeinbau im verkleinerten Sohlstollen und die Ausmauerung mussten laufend dem Baufortschritt angepasst werden. Nur bei rund einem Drittel der gesamten Tunnellänge konnte auf eine Ausmauerung verzichtet werden.

Dieser hohen psychischen, physischen wie auch finanziellen Belastung war die Unternehmung Ronchi & Carlotti nicht mehr gewachsen. Im Dezember 1900 kamen die Arbeiten teilweise zum Stillstand. Die Rhätische Bahn übernahm darauf am 1. April 1901 den Tunnelweiterbau in eigener Regie, da die italienische Firma nicht mehr weitermachen konnte. Maschinen, Werkzeuge und weitere Gerätschaften wurden übernommen. Es waren noch rund 3600 m Sohlstollen zu erstellen. Oberingenieur Rudolf Weber, ein geborener Tunnelbauer, übernahm die neue Bauleitung. Der Ausbruch im nachfolgenden Granit ging jedoch rascher und problemloser vor sich. Am 29. Mai 1902, morgens halb vier Uhr, fiel

Oberingenieur Rudolf Weber aus Menziken (1854–1929). Als die Unternehmung Ronchi & Carlotti am Albulatunnel den Mut und auch die Geldmittel verloren hatte, übernahm die Rhätische Bahn den Tunnelweiterbau. Zur Leitung dieser Arbeiten wurde der erfahrene Tunnelbauspezialist R. Weber berufen. Dank seinem gut organisierten Betrieb gelang es, in 278 Kalendertagen 3120 m Stollen durchzubrechen, was einem mittleren Tagesfortschritt von 11,20 m gleichkam.

im Tunnel – 3030 m ab Nord- und 2835 m ab Südportal – die letzte Trennwand. Aus Sicherheitsgründen musste der Durchschlag von der Nordseite her erfolgen. Im Zeichen südlichen Temperaments erfolgte die überschwengliche Beglückwünschung der Mineure. Das Zusammentreffen der beiden Stollen war zur Freude der Vermessungsleute ziemlich genau. Der Fertigausbau des Tunnels wurde rasch vorangetrieben, und im März 1903 konnte der Schotter eingebracht werden. Anschliessend wurde das Gleis verlegt.

Das Unternehmen forderte leider auch 16 Todesopfer. Eine einzige Steinplatte erschlug gleichzeitig drei Arbeiter. Infolge verfrühter Dyna-

mitexplosionen und zusammenstossender Rollwagen wurden noch 13 andere getötet. Im ganzen gab es 2128 Fälle von kleineren und grösseren Verletzungen.
Auf der Südseite des Tunnels liegt die Station Spinas. Da von beiden Talseiten Lawinengefahr droht, musste der Bahnkörper mitten in das Val Bever verlegt werden. Auf hohem, aus Tunnelausbruchmaterial erstelltem Damm wurde die Bahnlinie parallel zum Bach von Beverin bis Bever und weiter über die Ebene von Samedan nach Celerina geführt. Sie setzt sich in zwei Tunneln durch die enge Innschlucht fort und gelangt dann zur Station St. Moritz am See gelegen.
Die Kosten der Albulabahn betrugen einschliesslich Rollmaterial rund 26 Millionen Franken. Bis Ende 1903 betrug die Kostenüberschreitung fast 16 Prozent, und im Geschäftsbericht gleichen Jahres stand zu lesen: «Im allgemeinen wird festgestellt, dass die Anforderungen, welche seitens der Bundesbehörde, der Kantonsbehörden und der Gemeinden an die Ausstattung der Sicherung der Linien gestellt werden, stetig gewachsen sind und dass namentlich die Albulabahn immer weiter vom Charakter einer bescheidenen Schmalspurbahn sich entfernte und demjenigen einer interkantonalen Verkehrslinie sich genähert hat.»
Was die Bahneröffnung für den Verkehr zu bedeuten hatte, besagte die Tatsache, dass die Pferdepost eine ermüdende Fahrt von 12–14 Stunden zu überstehen hatte. Der Dampfzug fuhr auf der neueröffneten Linie in 4 Stunden von Chur nach St.Moritz, und heute befährt der Schnellzug die gleiche Strecke in weniger als der Hälfte dieser Zeit. Als einspurige Linie wird die Albulabahn derzeit täglich von nicht weniger als 40 fahrplanmässigen Zügen befahren. In der Saison kommen jedoch eine grössere Anzahl Extrazüge dazu.
Ende Juni 1978 feierte die Albulalinie ihr 75-Jahr-Jubiläum. Aus diesem Anlass wurden mehrere Veranstaltungen, Sonderfahrten und ein Volksfest in Samedan organisiert.

Engadin Press Co. Verl. No. 471
Einen freundlichen Albula-Bahn, Bevers
Feriengruss von Deinem Freunde

St. Moritz um 1907. Durch Bundesratsbeschluss wurde der endgültige Standort der Station festgelegt. In der Mitte des Bildes befindet sich das Hotel Bahnhof. Rechts davon liegt die Station mit den Abstellgleisen. Das Stationsgebäude wurde von Architekt A. Ludwig entworfen und im Jahre 1904 vom Baumeister Huder aus Davos errichtet. Die Baukosten beliefen sich auf Fr. 90 000.–.

Die Station Bever kurz vor der offiziellen Streckeneröffnung im Jahre 1903. Das Vordach des Aufnahmegebäudes wurde soeben aufgestellt. Der in Richtung Samedan fahrende Arbeiterzug wird von einer G 3/4-Dampflokomotive gezogen.

Samedan bei der feierlichen Eröffnung am 27. Juni 1903. Der fahrplanmässige Betrieb wurde jedoch am 1. Juli 1903 aufgenommen.

RHÄTISCHE BAHN
Sektionsingenieur.

No ....

In der Antwort gefl. obige Nr. anführen und in jedem Schreiben nur **einen** Gegenstand behandeln.

Gegenstand:

Bergün den 2. April 1904.

Zeugnis.

Prospero Bongera von Cuorgnè, Prov. di Torino, Italien, war vom April 1901 bis Juni 1903 als Aufseher für die Bauarbeiten der rhätischen Bahn bei der Bausection Bergün angestellt. Als solcher hatte er hauptsächlich die Ausführung der Mauern, Viadukte & Tunnel zu überwachen, sowie die Arbeiterkontrolle zu führen.

Von Mitte Juni bis zur Beendigung der Arbeit war Bongera sodann mit der Beaufsichtigung der Räumungsarbeiten im Rutsch bei Bergün, die während des Bahnbetriebes in Regie unter sehr schwierigen Umständen ausgeführt wurden, betraut.

Bongera hat sich bei allen diesen Arbeiten, sowohl in technischer Beziehung, als auch im Verkehr mit Unternehmern & Arbeitern, als tüchtiger, solider & zuverlässiger Angestellter unsere vollste Zufriedenheit erworben.

BAUSECTION BERGÜN.
DER SECTIONSINGENIEUR:
i.V. S. Simonett.

Zeugnis für den Bauaufseher Bongera Prospero, ausgestellt vom Bauführer Simon Simonett am 2. April 1904 in Bergün. Das Dokument wurde von der Enkelin, Frau A. Lathion-Tavelli, Sierre, freundlicherweise zur Verfügung gestellt.

Ilanz–Disentis/Mustér

Streckenlänge:	30 km
Baubeginn:	März 1910
Eröffnung:	1. August 1912
Elektrifizierung:	22. Mai 1922

Reichenau–Ilanz

Streckenlänge:	20 km
Baubeginn:	Oktober 1898
Eröffnung:	1. Juni 1903
Elektrifizierung:	22. Mai 1922

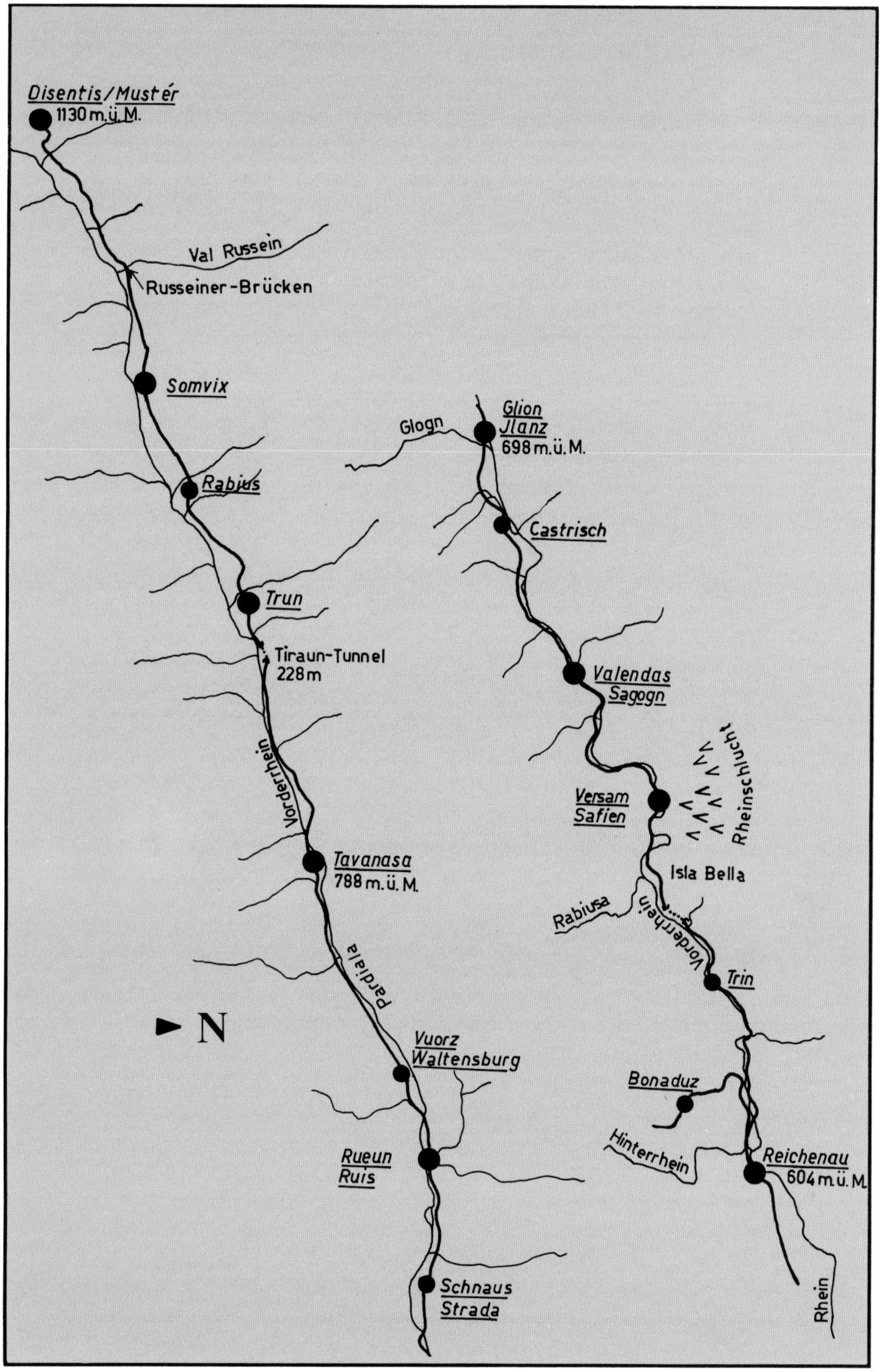

3. Die Vorderrheinlinie nach der Surselva

Reichenau–Ilanz

Die Vorderrheinlinie bis Ilanz wurde im Jahre 1903 eröffnet. Die Bauzeit für die 20 km lange Eisenbahnstrecke dauerte rund 3 Jahre.
Bereits im Jahre 1890 stellte Ingenieur Marchion aus Valendas ein Konzessionsgesuch für vier mögliche Trasseeführungen von Reichenau nach Ilanz. Eine Variante sollte von Bonaduz über Versam und Valendas nach Ilanz führen. Ein weiteres Projekt sah die Bahnlinie von Reichenau nach Trin, dem Flembach entlang zum Crestasee, wo die Station Flims vorgesehen war, von dort über Pintrun, Conn, Laax und Schluein nach Ilanz vor. Drittens wurde vorgeschlagen, die Eisenbahn von Reichenau über Trin–Flims–Staderas–Laax–Schluein nach Ilanz zu führen. Die letzte und schwierigste Variante führte die Linie durch die Rheinschlucht nach Ilanz. 1897 trat Marchion die bereits im Jahre 1894 erworbene Konzession für die Bahnlinie Reichenau–Disentis an die Rhätische Bahn ab. Gestützt auf das Gutachten von Professor Albert Heim in Zürich entschied sich der Verwaltungsrat der Bahnunternehmung am 11. Juli 1898 für die Verbindung durch die wilde Rheinschlucht. Beruhend auf der Horizontalkurve, die der Zürcher Ingenieur Wetli früher für die Lukmanierbahn herstellen liess, plante Oberingenieur Robert Moser das endgültige Projekt. Die Oberbauleitung lag in den Händen von Fritz Hennings, der auch die Albulabahn überwachte. Gustav Bener und Peter Saluz wirkten als Sektionsingenieure. Das Baulos von Valendas bis Ilanz leitete Ingenieur-Bauführer F. Depuoz aus Siat.
Mittels eines Dammes zweigt der Schienenstrang in Reichenau ab zur Farsch-Eisenbrücke über den Vorderrhein in Richtung Ilanz, der ersten Stadt am Rhein. Die Steigungsverhältnisse der Bahnlinie waren günstig. 9 km Dämme und Wuhrmauern sowie drei Tunnels mit 780 m Gesamtlänge, drei Rheinbrücken und ein Glennerübergang mussten gebaut werden. Zur Vermeidung von Flusspfeilern sind die erwähnten Fachwerkbalken-Brücken als Eisenkonstruktionen von je etwa 60 m Weite erstellt worden. Bergseits bieten die Dämme und Mauern Schutz gegen die von den Schutthalden herabfallenden Steine.
Die Rheinschlucht zwischen Trin und Valendas ist wild und von pittoreskem Charakter. Bewaldete Kuppen, Hügel und Schluchten mit ihren weissen Kalkbrecciewänden sind das Ergebnis der langen Erosionsarbeit des Rheins in den Schuttmassen. Zerrüttete und zerhackte, bis gegen 300 m steile Flanken, gratige Fluchten, vom Regen zugespitze Zacken und wuchtige Pfeiler mit einem Schutzstein auf der Spitze zeigen ein eindrückliches Bild lebendiger Naturkraft. Der Geologe Albert Heim

Am 28. August 1976 fuhr ein Dampfextrazug von Landquart via Chur nach Disentis. Der Zug fuhr über die Hinterrheinbrücke bei Reichenau. Weiter vorne gabelt sich der Schienenstrang nach Thusis und Ilanz. Ganz im Vordergrund ist ein Teil der eisernen Vorderrhein-Strassenbrücke zu sehen.

berechnete die eiszeitlichen Sturzmassen aus der grossen Segnas-Felsnische bei Flims auf 15 Kubikkilometer.
Das Gebiet war schwer zugänglich. Für die erforderlichen Geländeaufnahmen war zunächst die Herstellung eines Fussweges durch das wilde Rheintal notwendig. An manchen Stellen gab es erhebliche Schwierigkeiten, und der Weg musste teilweise auf Seilbrücken geführt werden. Bei der Isla Bella, unterhalb der Versamer Station, musste der Gerüstbauer Richard Coray eine hölzerne Hängebrücke von über 70 m Länge über den Rhein bauen. Nach erfolgten Aufnahmen und endgültigen Planbearbeitungen konnten die Bauarbeiten am 26. Juli 1900 an die Unternehmung Ingenieur Galli & Cie. vergeben werden. Im Gebiet des prähistorischen Bergsturzes fanden die Bahnbauer ausser Geröll kein geeignetes Material für die Bauarbeiten. So war die Unternehmung gezwungen, rund 113 000 Kubikmeter Baumaterial von den Endpunkten Reichenau und Ilanz zu beziehen, was mit hohen Kosten verbunden war. An drei Stellen kam der Bahndamm ganz ins Rheinbett zu liegen, so dass ein neues Flussbett ausgehoben werden musste.
Alle Schwierigkeiten und Hindernisse wurden überwunden. Am 1. Juni 1903 fuhr der erste Zug von Chur über Reichenau in Richtung Gruob, in

Wackenauersporn zwischen Reichenau und Trin, an der Einmündung des Malienbaches hinter den Wiesen von Bullis. Von Süden her stösst scharf der Wackenauersporn in den Rhein vor. Vom schmalen Bahnkörper aus ist links eine Tafelanschrift zu erkennen: «Hochwasserstand, 25. Sept. 1927».

den fruchtbaren Talkessel von Ilanz. Die Dörfer Trin, Versam, Valendas und Sagogn liegen alle links und rechts vom Rheinverlauf auf hohen Terrassen. Zu den Bahnstationen führen jeweils schmale Fahrstrassen hinab.

Bei der Eröffnung der beiden Linien Reichenau–Ilanz und Thusis–Samaden schilderte der Geschäftsbericht der Rhätischen Bahn im Jahre 1903 das grosse Ereignis wie folgt:

«Der Eindruck, welchen die neuen Bauten und die durchfahrenen Gegenden auf das reisende Publikum machten, war ein grosser; in allen Berichten und Beschreibungen wurde unverhohlene Bewunderung ausgedrückt, und der ohne grosse Spezialreklame seitens der Bahn zuströmende Reisendenzug gewährte die befriedigende Überzeugung, dass die in die Zukunft der neuen Linien und der ganzen Bahn gesetzten Hoffnungen in Erfüllung gehen werden.»

In der «Ruin'Aulta» zwischen Trin und Versam bei der Isla Davos unterhalb Ransun. Rechts im Bild ist das Portal des 423 m langen Ransun-Tunnels sichtbar. Trotzige Föhren und Wacholdersträucher beleben die kahlen Hänge. Hoch oben thront der mächtige Flimserstein.

Weiter bis nach Disentis

Erst 9 Jahre später, am 1. August 1912, wurde die 30 km lange Bahnlinie Ilanz–Disentis dem Betrieb übergeben. Die Projektgrundlage für die Fortsetzung der Strecke bis nach Disentis beruhte auf dem Vorschlag von Oberingenieur Moser aus dem Jahre 1898. Gemäss diesem Projekt hätten Schnaus/Strada und Waltensburg/Vuorz keine Stationen erhalten. Dafür war die Bahnstation Rueun rechts des Schmuerbaches vorgesehen.

Die Rhätische Bahn übertrug dem Pariser Bankhause Loste & Cie. und dieses der Firma Société des Batignolles, ebenfalls in Paris, die Ausarbeitung der endgültigen Baupläne und auch die erforderlichen Vermessungsarbeiten.

Im April 1910 wurde mit den eigentlichen Bauarbeiten begonnen. Die Oberbauleitung übernahm Ingenieur Peter Saluz. Auf den Gemeindegebieten Ilanz, Schnaus/Strada, Rueun und Trun widersetzten sich einige Grundeigentümer der Baubewilligung. Infolgedessen mussten die Arbeiten teilweise eingestellt und konnten erst im Frühjahr 1911 weitergeführt werden.

Von der 30 km langen Strecke Ilanz–Disentis liegen rund 11 km in Kurven und Schleifen. Dieses Verhältnis galt für schmalspurige Gebirgsbah-

Die Rheinschlucht bei der Station Versam/Safien. Die Rhätische Bahn folgt in der Tiefe den Windungen des Rheins, der bald gegen die eine, dann gegen die andere Brecciewand prallend, den Talgrund in eine Reihe von Halbinseln, Islas genannt, zerlegte. Die Bahnlinie benutzt einige Islas als Untergrund und bewegt sich von der Krummwag und Isla Casti an ganz auf dem rechten Rheinufer.

Links: Vor mehr als 10 000 Jahren stürzten vom Segnestale her gewaltige Schuttmassen ins Rheintal. Seither frisst der Strom seinen Weg durch das Breccie-Gestein und formte phantastische, weisse Schluchten. In der Tiefe liegt die bewaldete «Krummwag». Hier beim «krummen Weg» also wurde der Rhein zu einer Haarnadelkurve gezwungen. Der Zug nach Chur durchschneidet diese spitze Felsenzunge in einem kurzen Tunnel.

Holz-Hängebrücke bei der Isla Bella in der Vorderrheinschlucht

ANSICHT
1:300

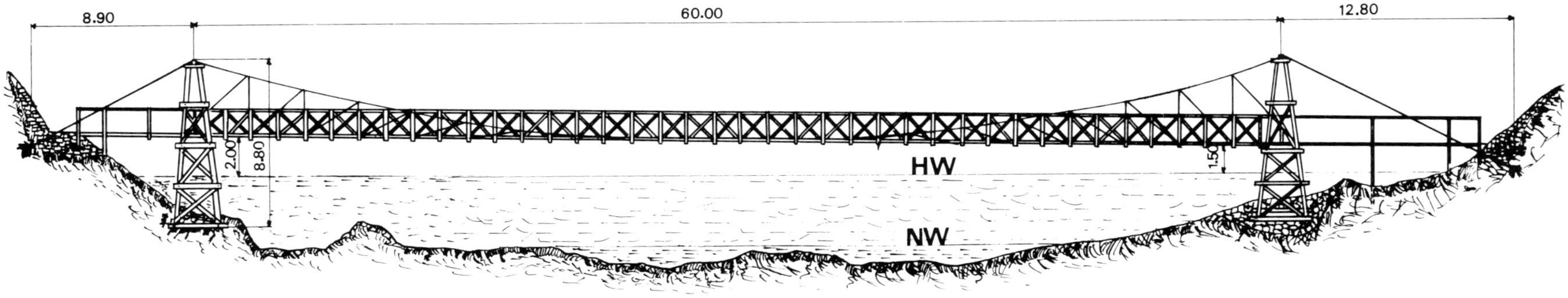

GRUNDRISS
1:300

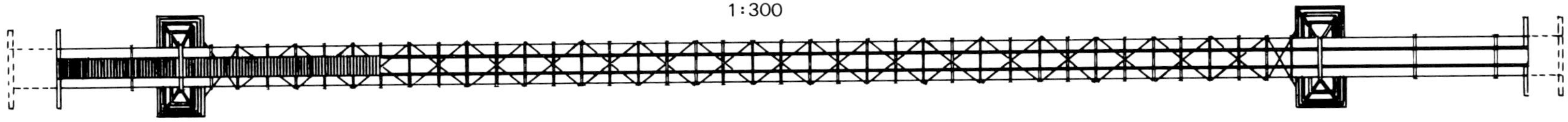

PROVISORISCHER STEG ÜBER DEN RHEIN BEI JSLA BELLA.
DER ÜBERGANG DIENTE FÜR DIE DETAILAUFNAHMEN.

1977 PC

nen als besonders günstig. Bei der Station Waltensburg befindet sich die wohl längste, gradlinige Strecke der Rhätischen Bahn. Hier geht es 3 km lang geradeaus durch die Pardiala in Richtung Tavanasa.
Unmittelbar östlich von Tavanasa wurde in den letzten Jahren ein moderner, linearer Betonviadukt als Ersatz für den ursprünglich gemauerten Übergang gebaut. Besonders bei Unwettern wurde der frühere, aus acht Öffnungen gemauerte Viadukt vom wilden Tscharbach häufig überschüttet und teilweise weggeschwemmt.
Schwieriger und vor allem teurer war der obere Abschnitt der Strecke zwischen Compadials und Disentis. Dort liegt der Bahnkörper mit einer Länge von ungefähr 3 km auf Viadukten, Stütz- und Futtermauern.
Nennenswerte Kunstbauten der Strecke sind die Viadukte des Val Russein und des Val Lumpegna. Den schäumenden Russeinerbach zwischen Somvix und Disentis galt es zu überbrücken. Der imposante Übergang, aus Natursteinen gemauert, mit 4 Öffnungen zu 20 m Weite, besitzt eine Gesamtlänge von 100 m. Das Bauwerk liegt in einer leichten Kurve, 60 m hoch über dem Wasserspiegel und ist herrlich in die tiefeingeschnittene Schlucht eingefügt. Im Frühjahr 1910 wurden die Grundmauern des Viaduktes gelegt. Die Fundamentierung des mittleren, schwierigen Pfeilers im Flussbett, in der Grössenordnung von 1000 Kubikmetern, erforderte 1800 Zementsäcke. Ende August 1911 waren die Pfeiler, durch die rasche Arbeit der Altdorfer Unternehmung Baumann & Stiefenhofer, bis hinauf zu den Gewölbeansätzen gemauert. Bereits am 27. Oktober konnten dann die vier majestätischen Halbbogen des Viaduktes mittels schöner Granitquader geschlossen werden. Die Abrechnungssumme für das wohlgelungene Bauwerk betrug 250 000 Franken.
Kurz nach dem Val Russein in Richtung Disentis kam der Bahnkörper auf den 150 m langen Lehnenviadukt des lawinengefährlichen Val Lumpegna zu liegen. Am grossen, 30 m weit gespannten Bogen schliessen sich noch 16 kleinere Öffnungen zu je 6 m Weite an. Ende Oktober 1910 war der Hauptbogen über das Lumpegna-Tobel soweit geschlossen, und im Juli 1911 konnten die Arbeiten am Lehnenviadukt beendet werden.
Nach der St.-Plazi-Bach-Überquerung folgt die Einfahrtsschleife zum Disentiser Bahnhof.
Disentis, mit der berühmten Benediktinerabtei, ist die Endstation der Rhätischen Bahn. Im Jahre 1926 begann hier die Fortsetzung durch die Furka-Oberalp-Bahn. Der erstmals am 26. Juni 1930 eingeführte «Glacier-Express», als hochalpine Eisenbahnverbindung, führt direkte Per-

Die Klüfte in der «Alixfluh» bei der Station Valendas/Sagogn im Jahre 1903, kurz vor der Eröffnung der Strecke Reichenau–Ilanz. Im Hintergrund erhebt sich der Piz Mundaun. Die Rheinbrücke dient der Zufahrtsstrasse von der Station nach Sagogn Dorf.

sonenwagen von St. Moritz und Chur über Disentis–Andermatt–Gletsch und Brig nach Zermatt. Diese attraktive und weltberühmte Bahnverbindung von Gletscher zu Gletscher bringt die Gebiete östlich und westlich des Gotthards einander näher. Eine Fahrt mit dem «Glacier-Express» gehört besonders für Amerikaner und Japaner fast zu jedem Bahnreiseprogramm Europas.
Während der Kriegszeit 1914–1918 herrschte ein empfindlicher Kohlenmangel. Die Kesslfeuerung bei den Dampflokomotiven erforderte daher grosse Brennholzmengen. In der Ebene Pardiala, zwischen Waltensburg-Station und Tavanasa, geriet das Bahnbord durch Funkenwurf der Lokomotive eines Tages in Brand. Der Lokomotivführer und der Heizer löschten das ausgebrochene Feuer gemeinsam. Mit einiger Verspätung gelang es, die unfreiwillig unterbrochene Fahrt fortzusetzen.
Zehn Jahre nach Eröffnung der Linie ins Oberland, welche der Surselva einen bedeutenden wirtschaftlichen Aufschwung brachte, am 1. Juni 1922, verkehrte der erste Zug mit elektrischer Lokomotive von Reichenau nach Disentis.
Als Ingenieur W. Derichsweiler seine Abhandlung «Von Truns durch das Somvixertal zur Greina» schrieb (Jahrbuch des Schweizer Alpenclubs, LVII. Jahrgang, 1922), bemerkte er unter anderem:

Plakat für die Rhätische Bahn, 1911, Linie: Ilanz–Disentis mit den Russeiner Brücken. Künstler: E.E. Schlatter.

«Es ist ganz schön, nun elektrisch zu fahren, aber dass letzthin in Schnaus/Strada die elektrische Lokomotive einfach streikte und wir wieder abwärts nach Ilanz hinabrollen gelassen wurden, um dort den nächsten Zug ab Chur abzuwarten, ist mir beim alten Dampfrösslein noch nie passiert.»

Ilanz im Jahre 1904. Am 1. Juni 1903 wurde die Strecke Reichenau–Ilanz eröffnet, und bis zum Jahre 1912 blieb Ilanz die Endstation der Rhätischen Bahn.

Ankunft des Dampfzuges in Ilanz. Für die Weiterfahrt nach Disentis wurde hier Wasser gefasst. Die Lager und die Treibstangen der Dampflokomotive mussten gewissenhaft geschmiert und geölt werden.

In Ilanz, Rueun und Tavanasa baute die Firma Th. Bell & Cie., Kriens, fast gleich grosse Eisenbrücken über den Rhein. Das Bild zeigt die 60 m lange Brücke bei Rueun. Die Gitterträger der 148 Tonnen schweren Konstruktion sind durch Laschen und Nieten miteinander verbunden.

Bei der Strecke Ilanz–Disentis waren zwischen Tavanasa und Trun zwei kleinere Tunnel zu bauen. Hier, unterhalb der Station Trun, fährt der Zug nach Chur in den 228 m langen Tiraun-Tunnel ein.

Bahnstation Trun bei der Eröffnungsfahrt: Ilanz–Disentis, am 1. August 1912.

Lehnenviadukt zwischen Compadials und dem Val Russein, bei der Mühle Chuas. Die Arbeiter waren im Herbst 1910 mit dem Aufmauern der 5 Öffnungen beschäftigt.

Das Val Russein mit der Baustelleneinrichtung. Im Frühjahr 1910 wurden die Grundmauern des imposanten Viaduktes gelegt.

Durch die rasche Arbeit der Altdorfer Firma Baumann & Stiefenhofer waren die Pfeiler im Juli 1911 schon recht hoch, Ende August bereits bis zu den Gewölbeansätzen aufgemauert.

Links: Im September 1911 konnten alle 4 Bogengerüste erstellt werden, und bereits am 27. Oktober waren die 20 m weiten Wölbungen mittels schöner Granitquader geschlossen. Für den Materialaufzug dienten mehrere Seilwinden, die in den fahrbaren Kabinen, «aeroplans» genannt, untergebracht waren.

Frühjahr 1912, stolz stehen sie da, das fertig erstellte Bauwerk und die wagemutigen Erbauer. Der Russeiner Viadukt ist 100 m lang, 60 m hoch und beschreibt eine Kurve mit dem Halbdurchmesser von 200 m.

Die kleine Baulokomotive machte der grossen Platz. So wie am am 1. August 1912 dampfte am 28. August 1976 ein Sonderzug nach Disentis/Mustér über die tiefeingeschnittene Russeinerschlucht.

Rechts oben: St. Plazi-Viadukt kurz vor Disentis, unterhalb des Hotels- und Kurhauses «Disentiser Hof». Das Hotelgebäude musste einem geplanten Neubau weichen und wurde am 9. Juni 1978 abgebrochen. Die steinerne Brücke besteht aus 4 Öffnungen zu je 8 m Weite und liegt in einer leichten Kurve.

Rechts unten: Disentiser Bahnhofplatz im Jahre 1911. Durch die erhebliche Terrainabtragung, zugunsten der Geländebegradigung, waren grössere Stützmauern gegen die südliche Dorfpartie notwendig. Der Aushub für das von Architekt Lorenz geplante Stationsgebäude war bereits erstellt. Im Vordergrund befindet sich die betonierte Rundmauer der zu bauenden Drehscheibe. Da Disentis Endstation war, mussten hier die Dampflokomotiven gewendet werden.

Drei Brücken, Denkmäler dreier Bauepochen. Tosend und schäumend wälzen sich die Fluten unter den hochgespannten Brücken des Val Russein. Die alte, gedeckte Holzbrücke aus dem Jahre 1857 mit einer Länge von 50 m soll erhalten bleiben. In der Mitte liegt die 1938 erbaute und 86 m lange Eisenbeton-Bogenbrücke der Kantonsstrasse. Im Vordergrund erhebt sich der 100 m lange, leicht gebogene und aus vier Öffnungen gemauerte Eisenbahnviadukt.

Davos–Filisur

Streckenlänge:	20 km
Baubeginn:	September 1906
Eröffnung:	1. Juli 1909
Elektrifizierung:	11. Dezember 1919

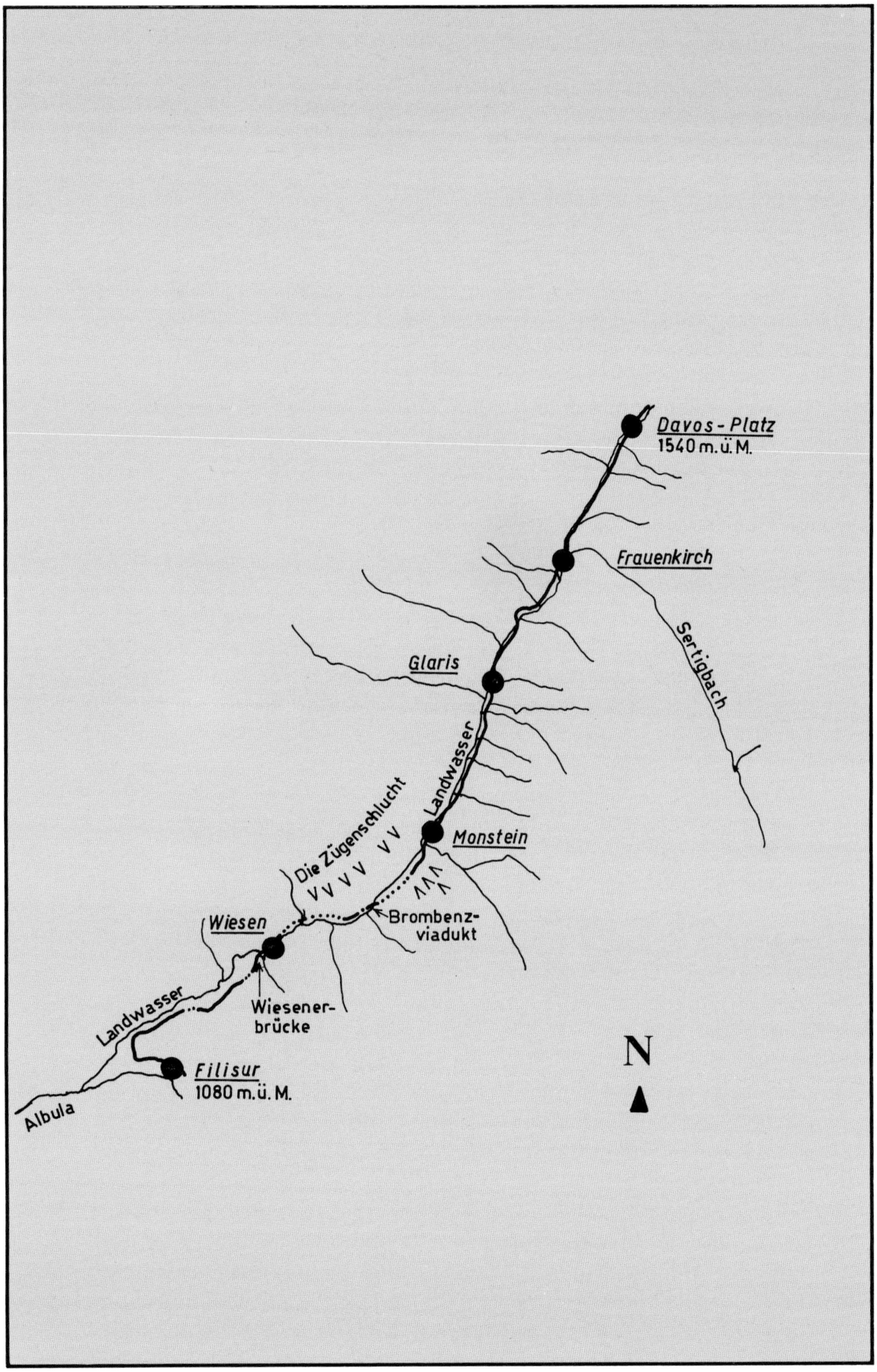

4. Die Verbindung im Landwassertal

Von Davos nach Filisur

Mehr als 20 Jahre blieb Davos eine Endstation der Rhätischen Bahn. Erst 1909 entstand der Schienenstrang über die Stationen Frauenkirch, Glaris, Monstein nach Wiesen und weiter bis Filisur. Das Landwassertal verengt sich unterhalb Schmelzboden zu der wilden Zügenschlucht.
Um den Bahnbau von Davos–Filisur als Verbindung zur Albulalinie zu ermöglichen, mussten die ersten Mittel von Davos aufgebracht werden. Mit 358 Ja- gegen 101 Nein-Stimmen wurde in der Kirche St. Johann zu Davos am 6. Dezember 1903 beschlossen, an den Bau der Bahn eine Million Franken zu bewilligen. Später, bei der feierlichen Eröffnung der Bahnlinie, schrieb die «Neue Zürcher Zeitung»:
«Davos fühlt sich heute in der Stimmung des Selfmade-Mannes, dem ein wichtiges Werk gelungen ist. Denn die neue Bahn nach Filisur ist reines Davoser Werk, entsprang eigener Initiative, der sich gewaltiger Opfersinn beigesellte. Kein geduldiges Harren auf Bundessubventionen, kein langes Klopfen bei Kanton, Bahn und Gemeinden um vermehrte Leistungen: was fehlt, hat Davos selber übernommen, und so hat es nahezu anderthalb Millionen aufgebracht, ein gutes Viertel der Baukosten auf sich genommen, und darum betrachtet der Davoser die neue Linie als Kind aus eigen Fleisch und Blute.»
Auf 19 km Schienenstrecke durchstösst der Zug 14 Tunnels von zusammen 4200 m Länge. Er überquert 28 Viadukte von insgesamt 750 m Länge, sowohl an der linken wie an der rechten Talflanke bis zur Station in Filisur. Die Baukosten dieser interessanten Bahnlinie betrugen 6,15 Millionen Franken.
Der Oberingenieur der Albulabahn, F. Hennings, war im Jahre 1903 zum Professor für Strassen- und Eisenbahnbau an der Technischen Hochschule in Zürich berufen worden. Dort projektierte er die schwierige Strecke Davos–Filisur durch die Zügenschlucht. Die Überwachung und Oberbauleitung besorgte Chef-Ingenieur Peter Saluz. Im September 1906 wurde mit den Bauarbeiten begonnen und am 1. Juli 1909 erfolgte die feierliche Eröffnung der Linie. Die Elektrifizierung der Strecke erfolgte im Jahre 1919.
Unmittelbar nach der Station Wiesen donnert der Zug über eine der grössten Steinbogenbrücken Europas. Der kühne Wiesener Viadukt – mit einem 55 m weiten Hauptbogen von Abgrund zu Abgrund, 6 weiteren Öffnungen von je 20 m Weite und einer Gesamtlänge von 210 m – wurde in den Jahren 1906–1908 gebaut und ist mit der wilden Landwasserschlucht geradezu verwachsen. Die stolze Brücke enthält 9500 Kubikme-

Nach Monstein dringt die Bahnlinie bei Schmelzboden in die wilde Zügenschlucht. Um 1845 war hier eine Bergwerkssiedlung. Die Blei- und Zinkgewinnung erwies sich jedoch als unrentabel.

ter Bruchstein- und Gewölbemauerwerk. Allein der Aushub beanspruchte ein Volumen von 4380 Kubikmetern.

Das Holzlehrgerüst – nach dem Vorschlag von Herrn Marasi, dem Oberingenieur der Bauunternehmung AG Davos-Filisur – baute Richard Coray mit 12 einheimischen Zimmerleuten in der Zeit von 140 Tagen. Dieser einmalige Gerüstbau erforderte rund 600 Kubikmeter Rundholz. Die in der Nähe gefällten Tannen besassen eine Gesamtlänge von 8100 m. Sie wurden alle mit der damals üblichen Breitaxt zu 490 Kubikmeter Kantholz behauen. Zusätzlich mussten mehr als 24 Kubikmeter Schalbretter an Ort und Stelle mit einer grossen, von 4 Mann bedienten Handsäge geschnitten werden. Die unzähligen Verbindungsarten erforderten 15 Tonnen Profil-, Rund- und Bandeisen sowie rund 3000 Schraubenbolzen.

Die Viaduktgliederung mit der entsprechenden Anzahl Öffnungen entsprach der generellen Projektskizze von Professor F. Hennings. Hans Studer berechnete die Statik nach der Elastizitätstheorie. Besonders kühn dimensionierte der erfolgreiche und erst 31jährige Brückenbauer den weitgespannten Hauptbogen von Fels- zu Felsfundament. Die Kosten des fertigen Bauwerkes betrugen rund 324 000 Franken. Bei den damaligen Ingenieuren löste der imposante Viadukt Aufsehen und Aner-

Dampfzug von Filisur nach Davos auf der Brombenzbrücke. Der gemauerte Viadukt liegt zwischen zwei Tunneln, überquert den Landwasserfluss und die alte Zügenstrasse.

Rechts:
Der 210 m lange Wiesener Viadukt wurde in den Jahren 1906/08 erbaut und vom bekannten Brückenbauer Hans Studer berechnet. Das Bauwerk wurde so in die Landschaft gestellt, dass es nicht als Fremdkörper empfunden wird, sondern im Gegenteil die Naturlandschaft noch verschönert.

kennung aus. Die Brücke könnte heute weder besser noch schöner gebaut werden.
Zur Erinnerung an Studers 100. Geburtstag wurde am 3. Juli 1975 auf Veranlassung der Rhätischen Bahn am Viadukt folgende Inschrift eingemeisselt:
*«Erbaut 1906–1908, entworfen und berechnet von Hans Studer *3.7.1875»*
Die Gemeinden Davos und Filisur liessen für die Wanderer und Touristen an der Seite des Viaduktes einen 1,2 m breiten Gehsteig montieren. Der Fussgänger kann so in aller Ruhe 88 m tief in die Schlucht hinabblicken.
Nach der wilden Zügenschlucht und jenseits des grossen Viaduktes durchzieht die Bahn schönes Waldgebiet, einige Tunnel und Brücken bis zur Filisurer Einfahrtsschleife. Zwischendurch wird der Blick talauswärts frei auf die imposanten Landwasser- und Schmittentobelviadukte der Albulabahn.

Im Frühjahr 1909 fuhren bereits die ersten dampfbetriebenen Züge über den Viadukt. Das Lehrgerüst war zum Teil bereits abgebaut. Das gesamte Mauerwerk besitzt eine Kubatur von 9500 Kubikmetern. Die Scheitelhöhe beträgt 88 m über der Landwasserflut.

Frei vorgebauter Gerüstteil für die 55 m weit gespannte Hauptöffnung des Viaduktes. Das Lehrgerüst wurde in der Zeit vom 10. März bis 1. August 1908 aufgestellt.

Das Lehrgerüst baute Richard Coray mit 12 Zimmerleuten in rund 140 Tagen. 494 Kubikmeter Kantholz und 24 Kubikmeter Schalholz wurden an Ort und Stelle geschlagen und bearbeitet. Ungefähr 15 Tonnen Profil-, Rund- und Bandeisen waren zu Befestigungszwecken erforderlich. Die Scheitelstärke des 55 m weit gespannten Bogens beträgt 180 cm.

15258 Bahnbau Davos-Filisur. — Der grosse Viadukt bei Wiesen
(Höhe 90 m., Spannweite 55 m.)

Pontresina–Samedan–Scuol

Streckenlänge:	56 km
Baubeginn:	Juni 1906
Eröffnung:	1. Juli 1913
Elektrifizierung:	1. Juli 1913

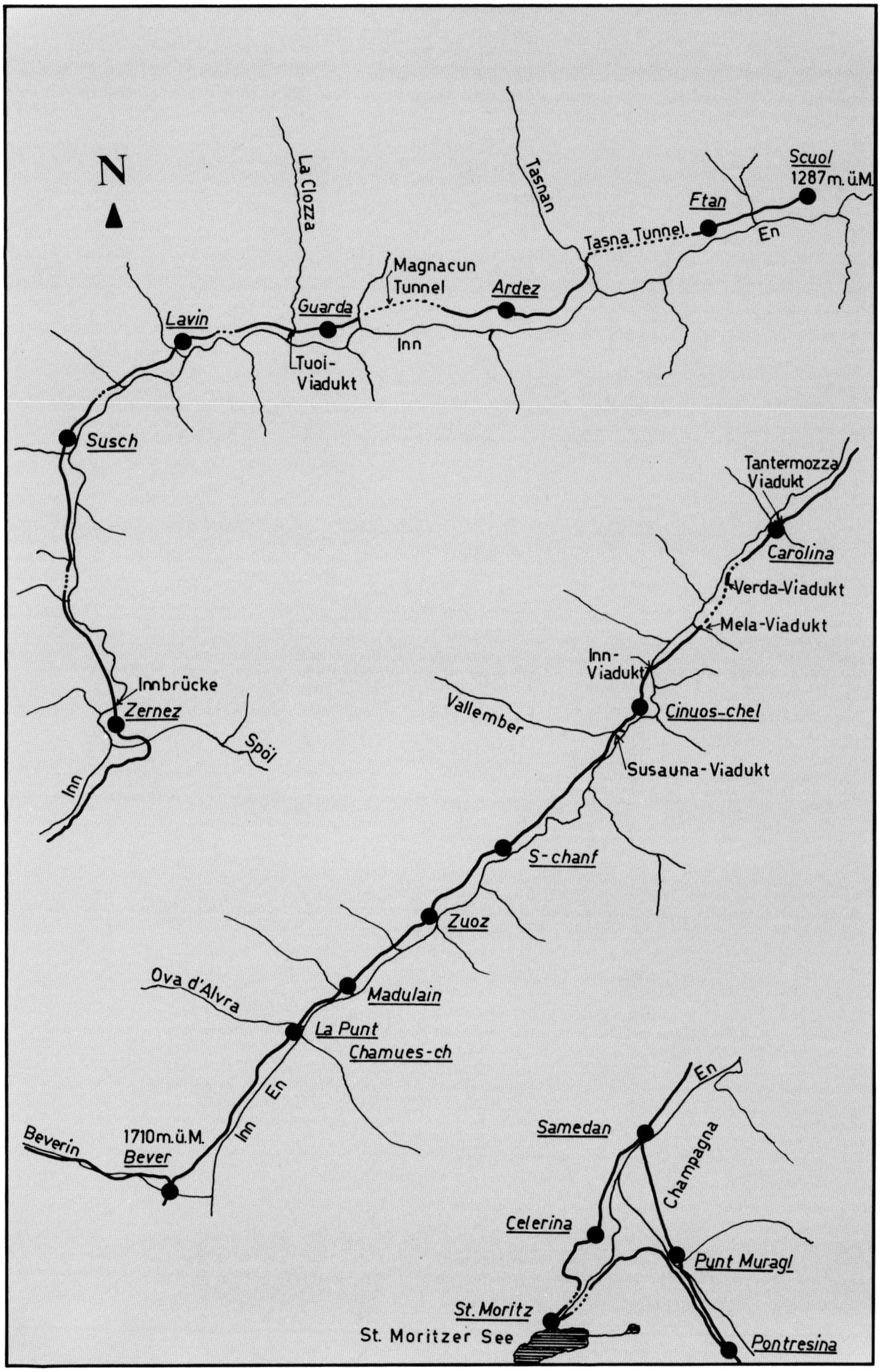

5. Die Linien im Ober- und Unterengadin

Der Inn entspringt nahe am Malojapass. Er bildet zunächst drei stille Seen und durchströmt dann das Ober- und das Unterengadin. Von St. Moritz aus folgt die Bahnlinie dem Flusslauf auf einer Länge von rund 60 km bis zur Endstation in Scuol. In der Schlucht von Finstermünz verlässt der Inn die Schweiz. Ein ähnlicher Verlauf, mit Anschluss an das österreichische Bahnnetz, war damals auch für die Rhätische Bahn geplant. Der vorgesehene Ausbau wurde jedoch mit dem Ausbruch des Weltkrieges 1914 verunmöglicht.

Die Linie Samedan–Pontresina

Am 1. Juli 1908 konnte die am 21. Dezember 1904 konzessionierte Strecke Samedan–Pontresina eröffnet werden. Die Oberbauleitung besorgte Ingenieur Giovanni Gilli. Der Bahnbau begann im Jahre 1906,

Rhätische Bahn.

Elektrischer Betrieb.

Es wird hierdurch öffentlich zur Kenntnis gegeben, daß die Fahr- und Speiseleitungen für den elektrischen Betrieb auf den Teilstücken

Bevers-Zuoz vom 1. Dezember 1912
Bevers-Samaden „ 1. Januar 1913
Samaden-Pontresina „ 1. Februar 1913 an

unter Spannung von 10 000 Volt gesetzt werden.

Es ist gemäß den Strafbestimmungen des Bundesgesetzes betreff die elektr. Schwach- und Starkstromanlagen vom 24. Juni 1902 **streng verboten,** die Leitungsanlage durch Handlungen irgendwelcher Art zu gefährden oder zu beschädigen.

Die Spannung von 10 000 Volt ist lebensgefährlich und es wird deshalb unter allen Umständen vor Berührung der Leitungsdrähte, selbst wenn sie zerrissen sind, gewarnt. 9718

Die Direktion.

Chur, den 22. November 1912.

Bekanntgabe der elektrischen Inbetriebnahme auf den Engadiner Strecken (Freier Rätier, vom 26. November 1912).

Celerina und Pontresina. Die untere Talstufe des Oberengadins, die sich von Celerina weg nach Samedan und gegen Pontresina hin als grüne Fläche ausbreitet. Im Herbst 1906 war der über 2 km lange Damm zwischen Samedan und Punt-Muragl fertig erstellt.

und bereits im Herbst gleichen Jahres konnten die Arbeiten am 2 km langen Damm durch die Champagna, zwischen Samedan und Punt-Muragl, abgeschlossen werden. Die Baukosten für die 6 km lange Linie einschliesslich 8 kleinerer Brücken betrugen 1,4 Millionen Franken.
Während der Bauzeit, im Mai 1907, wurde die Baustelle von streikenden Arbeitern blockiert. Vier Tage lang liessen sie die Arbeit ruhen, um hauptsächlich gegen die schlechte Bezahlung zu protestieren. Der Forderung nach rund 10 Prozent mehr Lohn und nach einem 10- statt 11-Stunden-Arbeitstag musste entsprochen werden.
Die Station in Pontresina, am Fusse des Rosatsch, diente der Rhätischen und auch der Bernina-Bahn gemeinschaftlich. Nun waren die Kurorte untereinander mit der Schiene verbunden.

Die elektrifizierte Strecke Bever–Scuol

Am 1. Juli 1913 war es soweit, dass die 50 km lange Bahnstrecke Bever–Scuol elektrisch befahren werden konnte. Die Bundesräte Calonder, Hoffmann und Schulthess begleiteten den Eröffnungszug und nahmen an den Feierlichkeiten in Scuol teil. Auf dieser Strecke verkehrten die ersten elektrischen Lokomotiven der Rhätischen Bahn. Die Zwei-Mann Besatzung, wie bei der Dampflokomotive, wurde aus Sicherheitsgründen jedoch weiterhin beibehalten.
Die Kraftwerke Brusio lieferten die elektrische Energie, und die Elektrifikation erfolgte unter der Leitung der Siemens-Schuckert-Werke, Berlin. Dieser jüngste und auch letzte Ausbau der Rhätischen Bahn beruhte auf einer generellen Projektstudie von Professor F. Hennings aus dem Jahre 1905. Oberingenieur Peter Saluz hatte die Bauleitung inne. Der Fortschritt der Bahnbautechnik ermöglichte die Erstellung einer optimalen

Bis zum Eingang ins Unterengadin weist die Bahnstrecke verhältnismässig wenige Kunstbauten auf. Hier vor Cinuos-chel liegt der 120 m lange Susauna-Viadukt parallel zur Kantonsstrasse. Der 24 m hohe Talübergang zählt 6 Öffnungen von 18 und 12 m Weite.

Linienführung. Die Gesamtlänge der 17 Tunnel beträgt 8010 m und die Länge aller Brücken nochmals 2200 m.
Im Frühjahr 1909 wurden die Baupläne nach Bern zur Genehmigung eingereicht. Bereits im August gleichen Jahres erfolgte die Bauausschreibung. An der Bahnlinie arbeiteten die Unternehmungen Rodari Caspare, Ascona, Annibale Lanfranconi, San Pellegrino, Müller-Zeerleder & Gobat, Zürich, und die Gebrüder Rolla, Ivrena.
Bis zur Ortschaft Cinuos-chel weist die Strecke verhältnismässig wenige Kunstbauten auf. Vom Viadukt über den Inn blickt man einige Augenblicke lang in die tiefe Schlucht. Der Schienenstrang wechselt auf die rechte Innseite und durchquert forstwirtschaftlich interessantes und abwechslungsreiches Gebiet. Es folgen in ununterbrochener Reihe Tunnel und Brücken in grosser Zahl.
Beim Bau des Val-Mela-Viaduktes unterhalb Brail ereignete sich am 29. August 1911 ein schweres Unglück. Das Holzlehrgerüst stürzte plötzlich 30 m in die Tiefe. Die Arbeiter, die mit der Mauerung des 39 m weit gespannten Hauptbogens beschäftigt waren, wurden alle mitgerissen. 12 Mann fanden dabei den Tod, 3 erlitten schwere und 8 leichte Verletzungen.

Beim Bau des Val-Mela-Viaduktes stürzte am 29. August 1911 das Lehrgerüst in die Tiefe. 12 Mann fanden dabei den Tod, 3 wurden schwer und 8 leicht verletzt. Die mit der Untersuchung betrauten Experten kamen im November 1912 zum Schluss, dass der Einsturz die Folge einer Reihe ungünstiger Umstände sei, von denen jedoch keiner sicher als der Einsturzanlass bezeichnet werden könne.

Die 113 m lange Brücke über den Inn bei Cinuos-chel berechnete Hans Studer. Die elegante Hauptöffnung hat eine Weite von 48 m, und 3 weitere Kreisbogen zu je 8 m schliessen sich zu beiden Seiten an. Für die rechte Innseite musste Richard Coray eine 168 m lange Seilbahn bauen. Sie übernahm den Verkehr zwischen Strasse und Bauplatz.
Der Eintritt in das Zernezer Becken erfolgt durch eine weite, U-förmige Schleife, die den Spöl überquert. Hier hätte der damals geplante Ofenbergbahn-Anschluss erfolgen sollen. Dieser Plan verschwand indessen in der Schublade.
Nach der Eisenbrücke bei Zernez führt die Bahnlinie längs der linken Innseite bis nach Scuol. Vor Guarda überquert der Bahnkörper das tiefeingeschnittene Val Tuoi. Der dortige Übergang weist die gleichen Abmessungen auf wie der Inn-Viadukt bei Cinuos-chel. Sogar das gleiche Lehrgerüst konnte verwendet werden. Noch unter dem Eindruck des Val-Mela-Unglückes wurde jedoch aus Sicherheitsgründen ein zusätzlicher Binder abgebunden.
Zwischen Guarda und Ftan war ein schwieriges, 2 km langes Rutschgebiet zu durchqueren. Professor Albert Heim verfasste ein Gutachten, worin mehrere Varianten für die Trasseeführung untersucht wurden. Die Bahnverwaltung entschied sich zum Bau eines 1908 m langen Tunnels, und am 16. September 1910 konnten die Arbeiten am sogenannten «Magnacun-Tunnel» in Angriff genommen werden. Starke Bergdruckerscheinungen und grosse Wassermengen traten auf. Der Vortrieb und die Auskleidung des Tunnelprofils bereiteten grosse Schwierigkeiten. Im Dezember 1911 beschrieb Oberingenieur Saluz die Situation folgendermassen:

Der Zug nach Scuol fährt an der rechten Berglehne auf den Verda-Viadukt zwischen zwei Tunneln. Die Brücke besitzt eine Spannweite von 37 m. Beide Tunnel sind zusammen 1,2 km lang.

«Da das Gebirge nach erfolgter Mauerung immer noch starken Druck ausübt, der das Mauerwerk auch im Widerlager teilweise beschädigte und sogar das Sohlengewölbe stückweise hob und zerstörte, ordneten wir Ende November ein von der Direktion genehmigtes, für Druck widerstandsfähigeres Profil mit Schieneneinlagen im Sohlengewölbe an.»
Der Tunneldurchschlag erfolgte am 4. Juni 1912. Kurz nach der Eröffnung der Bahnlinie zeigten sich Schäden am Tunnel-Druckprofil. Das Gewölbe musste im Jahre 1916 in einzelnen Blöcken neu betoniert werden. Bis zum Jahre 1937 betrugen die zusätzlichen Aufwendungen für Rekonstruktionsarbeiten am Gewölbe über 1 Mio. Franken. In den Jahren 1971/72 erfolgte die letzte Sanierung, wobei die Tunnelverkleidung teilweise ersetzt werden musste.

Der Tantermozza-Viadukt bei Carolina besitzt drei Öffnungen, 1 zu 25 m und 2 zu 24 m Spannweite.

Von Ardez senkt sich die Bahnlinie am Steilhang in den Felsen von Tasnagranit und verschwindet in einem Tunnel. Die Geologie dieses 2350 m langen Tasna-Tunnels war ebenfalls äusserst kompliziert. Auch hier hatten die Mineure mit den bereits erwähnten Schwierigkeiten zu kämpfen. In der Nacht vom 7. auf den 8. Juli 1912 erfolgte jedoch der langersehnte Durchschlag.
Im Val Furgnacl bei Scuol diente ein Seilsteg der Zufuhr aller Baubedürfnisse, da eine Strassenzufahrt unmöglich war. Die Bahnstation in Scuol liegt am bergseitigen Rand einer prähistorischen Schotterterrasse, «Cutüra plana» genannt. Sie war eigentlich nicht als Endstation der Rhätischen Bahn gedacht. Der Krieg verhinderte jedoch die geplante Schienenstrangverlängerung nach dem Tirol, und das nicht mehr weitergehende Gleisstück ist ein stummer Zeuge aus dieser hoffnungsvollen Eisenbahn-Bauepoche Graubündens.

Zug mit elektrischer Lokomotive in Zernez. Architekt M. Lorenz plante das schöne Stationsgebäude.

Dank der reichen Erfahrung von Oberingenieur Peter Saluz konnten viele Schwierigkeiten, auch diejenigen mit einigen Unternehmern, überwunden werden. Er baute eine Eisenbahnstrecke, die einige Jahrzehnte als Musterbeispiel für elegante und rationelle Anlagen im Hochgebirge galt. Wenig mehr als ein Jahr nach der feierlichen Eröffnung der Bahnlinie, am 10. September 1914, starb der rastlose Ingenieur Peter Saluz.
Auf der Strecke mussten einige Störungen durch Witterungseinflüsse in Kauf genommen werden. Zwei Betriebsunfälle seien hier erwähnt:
Am 22. März 1927 fuhr der Zug zwischen Guarda und Ardez, unmittelbar vor dem Magnacun-Tunnel, auf einen herabgestürzten Felsblock. Die Lokomotive entgleiste und zerschellte am Tunnelportal. Der Führerstand wurde eingedrückt, und der Lokomotivführer fand dabei den Tod. Einige Personenwagen wurden stark beschädigt, wobei 9 Reisende leicht verletzt wurden.
Zehn Jahre später, am 19. März 1937, fuhr der letzte Abendzug von Scuol zwischen Zernez und Susch vor dem Sassella-Tunnel in die Massen eines grossen Schneerutsches. Die Maschine stürzte in das 100 m tiefer liegende Flussbett des Inns ab. Leider wurde auch hier der Lokomotivführer getötet. Coray, Brasser und andere haben dann die Lokomotive mittels Seilwinden in Einzelteilen aus den Fluten des Inns geborgen.

391

Vorhergehende Seite, oben: Personenzug in der Station Lavin kurz nach der Betriebseröffnung. Der Zug, mit der am 16. Juli 1913 gelieferten Elektrolokomotive Nr. 391 an der Spitze, wird von der versammelten Kinderschar neugierig betrachtet. Diese Lokomotive stürzte am 19. März 1937, infolge eines Schneerutsches, aus fast 100 m Höhe in den Innfluss. Sie wurde geborgen, repariert und fuhr insgesamt über sechs Jahrzehnte lang ihre Stammstrecke St. Moritz–Scuol.

Vorhergehende Seite, unten: Der 113 m lange und 50 m hohe Val-Tuoi-Viadukt bei Guarda. Das schöne Bauwerk mit der eleganten Bogenspannweite von 48 m berechnete Ingenieur H. Studer nach der Elastizitätstheorie.

Im Hintergrund befindet sich das Westportal des 1908 m langen Magnacun-Tunnels mit einem Zug von Scuol nach St. Moritz. Kurz nach der Betriebseröffnung erfolgten aufwendige Sanierungsarbeiten. Beschädigte Widerlager und zerdrückte Sohlengewölbeteile mussten erneuert werden. Im Jahre 1972 wurde die Tunnelverkleidung teilweise ersetzt. Im Vordergrund liegt die Öffnung des 170 m langen Giarsun-Tunnels.

Am 22. März 1927 fuhr die Lokomotive Ge 2/4 Nr. 206 auf einen herabgestürzten Felsblock unmittelbar vor dem Magnacun-Tunnel. Die Maschine entgleiste und zerschellte am Tunnelportal. Leider wurde der Lokomotivführer getötet.

Ardez, mit der auf dem Hügel thronenden Ruine Steinsberg.

Durch die Trassierung der Bahnlinie oberhalb Tarasp-Vulpera erfuhr der Hang einige Eingriffe; doch haben sich die Kunstbauten heute in die Landschaft integriert. Der Waldwuchs hat die Trasseeführung verdeckt. Auf einer Länge von 1 km liegt der Bahnkörper hier auf drei grösseren Viadukten. Es sind von links nach rechts: Der Lumess-Viadukt, 5 Öffnungen zu 15 m, der Furgnancl-Viadukt mit 4 Öffnungen zu 15 m und 3 zu 8 m, der Nairs-Viadukt mit 3 Öffnungen zu 15 m, 2 zu 12 m und 1 zu 8 m Weite.

Festzug und grosse Feier in Scuol am 1. Juli 1913 anlässlich der Eröffnung der elektrifizierten Bahnstrecke Bever–Scuol. An der Spitze des Zuges die Lokomotive Ge 4/6 mit der Nr. 352. Die Bundesräte Calonder, Hoffmann und Schulthess begleiteten den Festzug und nahmen an den Feierlichkeiten teil.

III. Die ursprünglich selbständigen Gleichstrombahnen

Gleichzeitig mit dem Ausbau der Rhätischen Bahn erfolgten zwischen 1905 und 1914 noch weitere Bahnbauten in Graubünden. Das Misoxertal, ein langer Zipfel in italienischem Sprachgebiet, wurde durch eine Bahn mit Bellinzona im Tessin verbunden. Ein weiteres Südtal – das Val di Poschiavo –, das sich über 20 km in Richtung Süden bis zur Landesgrenze erstreckt, wurde durch die berühmte Berninabahn erschlossen. Als Abschluss erfolgte der dritte Bahnbau durch das schluchtartige Schanfigg nach Arosa. Mit Ausnahme der Misoxerbahn bilden die gebauten Linien mit dem übrigen Stammnetz der Rhätischen Bahn ein in sich abgeschlossenes Ganzes.

Die Station Bellinzona, kurz nach der Eröffnung der Bahnlinie im Jahre 1907. 1942 fusionierte die Ferrovia Elettrica Bellinzona–Mesocco mit der Rhätischen Bahn. Im Jahre 1972 ist der Personenverkehr aufgegeben worden. Der abgebildete Triebwagen Nr. 1 wurde von den Werken F. Ringhoffer, Waggonfabrik Smichow in Prag und von der Maschinenfabrik Rieter in Winterthur hergestellt. Nach einer Kollision am 17. September 1969 wurde das Fahrzeug verschrottet.

1. Die elektrische Bahn Bellinzona-Mesocco

Erste Gleichstrombahn Europas mit 1500 Volt Spannung

Die 31,3 km lange Ferrovia Elettrica Bellinzona-Mesocco wurde teils am 6. Mai und teils am 27. Juli 1907 eröffnet. Sie war damals die erste Gleichstrombahn Europas mit einer Spannung von 1500 Volt. Die ganze Strecke wies verhältnismässig viele gerade Linien und wenige Kunstbauten auf. Die 3 Tunnels und 26 Brücken besitzen eine Gesamtlänge von 701 m.

Ingenieur Luigi Riva erstellte ein Projekt, und im Jahre 1898 konstituierte sich ein Initiativkomitee. Giovanni Schenardi trat an die Spitze des Unternehmens. Der Grossteil des Aktienkapitals wurde im Kanton Tessin und im Misox aufgebracht. Die Initianten hofften auf eine Verlängerung des Schienenstranges durch den San Bernardino und weiter bis nach Thusis, mit Anschluss an die Albulabahn. Als der Krieg 7 Jahre nach der feierlichen Eröffnung der Linie Bellinzona-Mesocco ausbrach, waren die Träume von einer Verbindung nach Norden vorbei. Die Misoxerbahn musste sich als Stichbahn mit einem eher bescheidenen Verkehr abfinden.

Die damals schon bestehende SBB-Bahnhofanlage in Bellinzona sollte nach Projekt auch die Station der Misoxerbahn werden. Der Plan konnte jedoch nicht ausgeführt werden und so blieb die Endstation der Misoxerbahn im nördlichen Stadtteil. Die Distanz von rund 500 m zwischen dem SBB-Bahnhof und der Misoxer Bahnstation war natürlich ein verkehrstechnischer Nachteil. Spätere Projekte für die Verlängerung der Schmalspurstrecke bis zum Hauptbahnhof Bellinzona scheiterten an den zu hohen Baukosten.

1942 wurde der gesamte Betrieb von der Rhätischen Bahn übernommen. Kurz nach der Fusionierung begann die Modernisierung der Anlagen der Misoxer Bahn. Bis zum Jahre 1958 wurden insgesamt über 5 Millionen Franken für notwendige Erneuerungen aufgebracht. Das waren rund 2 Millionen mehr, als der ursprüngliche Bahnbau gekostet hatte. Die Misoxerlinie, die keine Verbindung zum übrigen Schienenverkehrsnetz hatte, führte auch weiterhin ein ziemlich isoliertes Dasein.

Mit der Eröffnung der Nationalstrasse N 13 am 1. Dezember 1967, entstand die seit Jahrzehnten immer wieder geforderte wintersichere Strassenverbindung durch den San Bernardino.

Am 31. März 1971 beschloss der Bundesrat, gegen den einmütigen Willen der Bevölkerung, die Stillegung der Strecke Bellinzona–Mesocco für den Personenverkehr. Seit dem 28. Mai 1972 werden die Reisenden mit Postautos und die Stückgutsendungen mit PTT-Lastwagen befördert. Auf der Schiene verbleiben Wagenladungen zwischen Castione und Cama (1972–1978 bis Mesocco).

St. Moritz–Tirano (Italien)
Berninabahn

Streckenlänge: 61 km
Baubeginn: Juli 1906
Eröffnung: 5. Juli 1910
Elektrifizierung: 5. Juli 1910

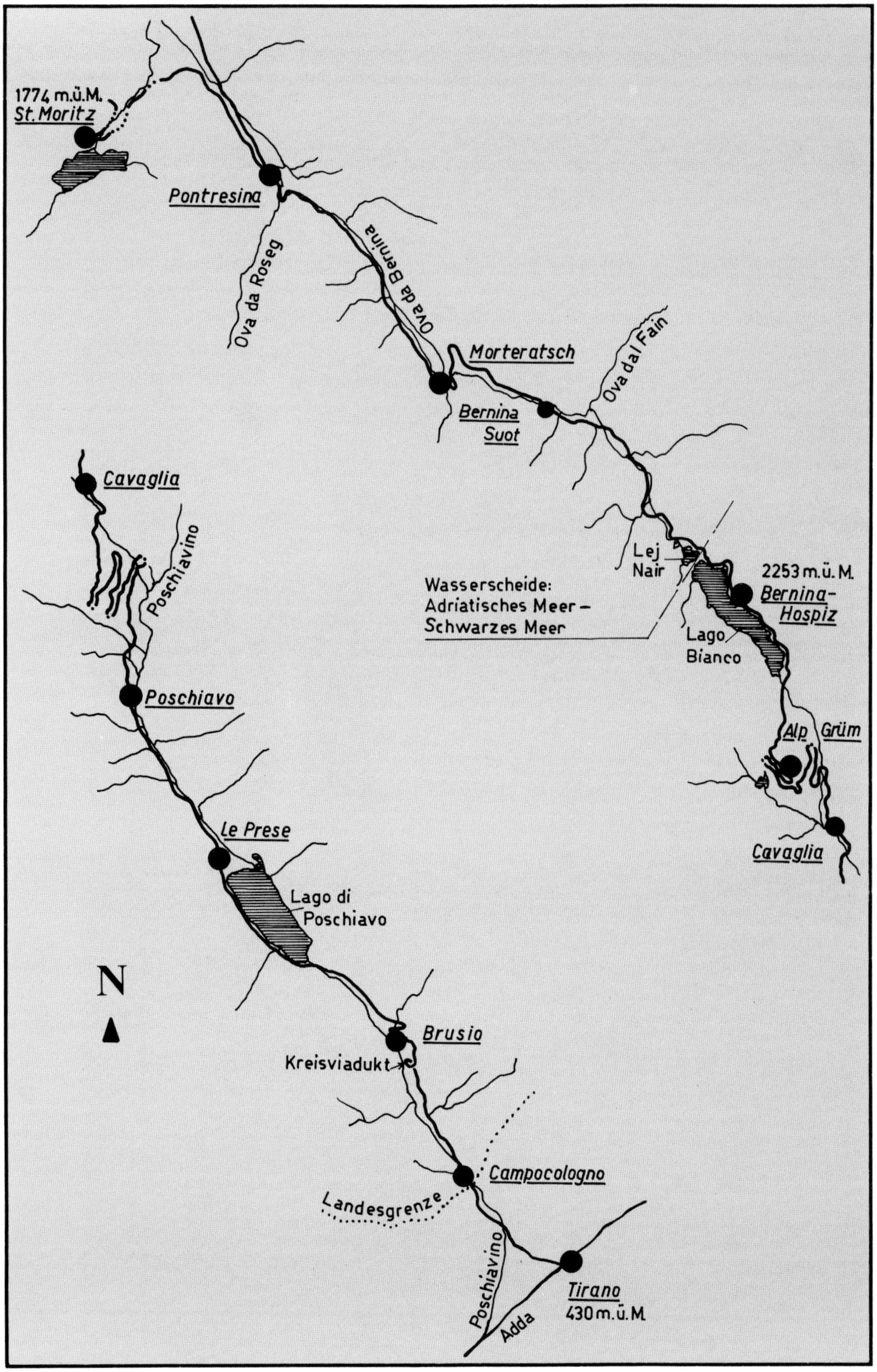

2. Die Berninabahn von St. Moritz nach Tirano

Die steilste und höchstgelegene Adhäsionsbahn

Von St. Moritz fährt der Bernina-Express nach dem südlichen Graubünden, ins Puschlav, und weiter ins italienische Veltlin. Der Schienenstrang besitzt eine Länge von 61 km. Davon weist fast die Hälfte die grosse Steigung von 50 bis 70 Promille auf. Diese Pionier-Eisenbahnlinie ist die einzige Schienenverbindung über die Alpen mit Italien. Zudem ist sie die höchstgelegene Adhäsionsbahn Europas. Der Berninapass ist einer der schönsten Schweizer Pässe und die Gegend, welche J.C. Heer in seinem Buch «Der König der Bernina» so geschildert hat. Über diesen Pass brachten früher ganze Säumerkolonnen die geschätzten Veltliner Weine und anderes Gut von Tirano nach Chur.
Eine Tafel zwischen den Seen Lej Nair und Lago Bianco auf der Passhöhe verkündet: «Wasserscheide Adriatisches Meer/Schwarzes Meer». Der Lej Nair entlässt seine Wasser in den Berninabach, weiter in den Innfluss, in die Donau und schlussendlich in das Schwarze Meer.
Von St. Moritz und Pontresina (1800 m) windet sich der Bernina-Express hinauf gegen Morteratsch, Bernina Suot und weiter über den Berninapass (2253 m) nach dem italienischen Tirano (429 m). Bis zum Lej Nair geht es aufwärts steigend, teilweise parallel zur Pass Strasse. Dann gehen Schiene und Strasse auseinander bis hinunter ins tiefliegende

Bahnhofgelände von Pontresina um 1913. Im Vordergrund die Wagen und Gleise der Berninabahn.

Die Berninabahn beim Aussichtspunkt Montebello. Blick zur Berninagruppe und zum Morteratschgletscher. Über dem mächtigen Gletscher baut sich die Berggruppe auf: Zur Linken der Piz Palü (3905 m), in der Mitte der Piz Bernina (4050 m) und zur Rechten der Piz Morteratsch (3750 m).

Puschlavertal, wo sie abermals zusammentreffen. Mittels vieler Haarnadelkurven, einiger Tunnel mit zusammen 2200 m Länge, Brücken und Galerien überwindet die hochalpine Gebirgsbahn zwischen Bernina-Hospiz und Poschiavo 1240 m Höhendifferenz. Diese Bahnreise mit den vielen Kehren und Schleifen von Stufe zu Stufe, Fels und Eis, dann Kastanienwälder und Weinberge, gehört zu den schönsten Fahrten überhaupt. Bei San Carlo treten die Berge auseinander. Die ganze Talmulde breitet sich über Poschiavo zum See aus. Nach Le Prese führen Strasse und Bahn dem Lago di Poschiavo entlang. Der spiegelnde See ist 84 m tief und speist die Kraftwerke Brusio. Am unteren Ende des Dorfes Brusio befindet sich die interessante Kehrschleife. Der kühn geschwungene Halbkreisviadukt, an dessen gemauerten Brückenbogen selbst die Kastanien reifen, mit der eleganten Kehrschleife wurde prächtig in die südliche Landschaft eingefügt. Doch lassen wir den ehemaligen, bauleitenden Oberingenieur E. Bosshard die eigenartige Bauart beschreiben: «Für diese Trassesenkung fiel die projektierende Firma auf die originelle und interessante Lösung einer offenen, vollen Kehre, zum Teil auf einem rund 100 m langen Viadukt von 9 Öffnungen zu 10 m, in der Kurve von 70 m Radius; das Trassee geht dann in eine Kurve mit 50 m Radius über, beschreibt auf diese Weise eine Schneckenlinie und führt unter der dritten Öffnung des Viaduktes hindurch.»
Der Schienenstrang führt jedoch weiter hinunter bis an die Grenze, welche sich bei Campocologno befindet. Nach wenigen Minuten Weiter-

Eine Postkarte der zwanziger Jahre zeigt die Berninastrecke der Rhätischen Bahn. Sie verbindet das Engadin mit dem Veltlin.

fahrt erreicht der Zug das Städtchen Tirano im oberen Veltlin. Der Reisende findet hier Anschlussmöglichkeiten nach Sondrio und Milano.

Aus der Baugeschichte

Es war vor allem der damalige Direktor des Zentralamtes für den internationalen Eisenbahnverkehr, Alt-Bundesrat Numa Droz, der anregte, eine Eisenbahn über den Berninapass zu bauen. Die damals in Graubünden tätige Ingenieurfirma Froté & Westermann aus Zürich erstellte ein Projekt, und die Elektrizitäts-Aktiengesellschaft Nürnberg verfasste gleichzeitig eine Konkurrenzofferte. Am 20. Dezember 1899 wurde die Baukonzession jedoch an die Firma Froté & Westermann erteilt. Die eingeleitete Finanzierung scheiterte. Die Konzession gelangte an die englische Firma General Water Power, Limited, die auch die schwierige Finanzierung des Bauvorhabens versuchte. Der Beschaffung von Geldern stellten sich jedoch verschiedene Schwierigkeiten entgegen, bis die Schweizerische Eisenbahnbank in Basel als Kapitalgeberin die Verwirklichung des Projektes sicherte. Im Jahre 1906 konnten die Bauverträge mit der Basler Unternehmung A.G. Alb. Buss & Cie. abgeschlossen werden. Die Firma projektierte die definitive Trasseeführung. Am 16. Juli 1906 wurden die Bauarbeiten mit 2500 Arbeitern an der Nord- und Südseite begonnen. Die Oberaufsicht seitens der Bauherrschaft übernahm D. Nachenius, Direktor der Berninabahn. Die Bauleiter der Unternehmung waren die Oberingenieure W. Sigrist für die Nord- und E. Bosshard für die Südseite. Die beiden Baubüros befanden sich in Pontresina und Poschiavo. Ein grosser Stab von Ingenieuren und Technikern war zudem über die ausgedehnte Baustrecke verteilt. Das Gros der Arbeiterschaft bestand aus Italienern; ihnen sind die meisterhaften Trockenmauerwerke an dieser Strecke zu verdanken. Der Stundenlohn für die qualifizierten Maurer betrug 62–64 Rappen, und der Zahltag wurde vorwiegend in Gold ausbezahlt. Die Durchführung des Projektes stellte eine Unmenge von

Der schwere Zug befindet sich auf 2100 m Höhe kurz vor dem Bernina-Hospiz. Hier fällt die Gegend durch ihre Nacktheit der Hänge und Hügel auf. Der Kulminationspunkt der Bahn (2253 m) liegt am Lago Bianco, an dessen nördlichem Ufer die Station Bernina-Hospiz liegt. Der 2 km lange See bildet das grosse Reservoir der Kraftwerke in Brusio. Hier liegt die Wasserscheide zwischen den Stromgebieten der Donau und des Po.

Fragen geologischer, technischer, hygienischer und finanzieller Art. Bei der beträchtlichen Höhenlage der Trasseeführung waren oft Störungen der Arbeit durch Witterungseinflüsse und ähnliche Schwierigkeiten zu ertragen. Sogar im Hochsommer, beispielsweise im Jahre 1909, fielen auf dem Hospiz grosse Schneemassen, und es kostete viel Mühe, die Arbeiter zum Ausharren zu bewegen. Durch andauernde kalte Witterung war die Gefahr unerwünschter Dynamit-Explosionen stets vorhanden. Von insgesamt 5 Todesopfern entfielen 4 auf derartige Explosionsunfälle. Für die Unterkunft der Arbeiter wurden transportable Holzbaracken entlang der jeweiligen Baustrecke aufgestellt. Auf der Südseite besorgte die Unternehmung die notwendigen Lebensmittel. Zu diesem Zwecke, aber auch für dringende Materialtransporte hielt sie einen Stall von 13 Maultieren, 3 Pferden und 5 Ochsen. Zweimal täglich ging eine Karawane mit Proviant beladener Maultiere von Poschiavo ins Gebirge. In der Alp Cavaglia waren eigene Kühe für die Milchlieferung untergebracht.
Die im Jahre 1901 gegründete Unternehmung Alb. Buss & Cie. erlitt an der Berninabahn, wie auch an Eisenbahnbauten im Toggenburg und Solothurn grosse Verluste. In der Folge musste die Firma reorganisiert werden, und der Basler Bankverein erwarb die Buss-Aktienmehrheit.
Die Eröffnung der Bahnlinie für den Sommerbetrieb erfolgte etappenweise:

Die Bahnlinie führt in der fast 4 km langen Einsattelung (2250 m ü.M.) der Bernina-Passhöhe am östlichen Ufer der Seen Lago Bianco und Lej Nair (rechts im Bild) entlang.

1908 Pontresina-Morteratsch, Tirano-Poschiavo
1909 St. Moritz-Celerina, Morteratsch-Bernina/ Hospiz
1910 Bernina/Hospiz-Poschiavo

Als ursprünglich von privaten Gesellschaften (das Konsortium bestand aus je einer englischen, italienischen und schweizerischen Gruppe) geplante und konzessionierte Touristikbahn über die Alpen sollte die Trasseeführung den Naturschönheiten angepasst werden.
Von Anfang an war die Berninabahn für den elektrischen Betrieb vorgesehen. Die 1905–07 gebauten Puschlaver Elektrizitätswerke hatten die Verpflichtung übernommen, die erforderliche Energie für den Bahnbetrieb zu liefern. Die Elektrifizierung der ganzen Linie und auch die Lieferung des Rollmaterials übernahm die Firma Alioth, Münchenstein. Zwischen dieser Unternehmung und der Brown Boveri & Cie., Baden, wurde im Jahre 1910 eine Interessengemeinschaft gebildet; später fusionierten die beiden Firmen der Elektro- und Maschinenindustrie.
Gemäss bewilligter Konzession war nur der Sommerbetrieb bei der Berninabahn vorgesehen. 1913/14 wurde jedoch nach reiflicher Überlegung der Winterbetrieb aufgenommen, und es begann der Kampf gegen den Schnee. Auf der Bernina-Passhöhe kann bei Schneesturm der

Als der Winterbetrieb 1913/14 aufgenommen wurde, begann der Kampf gegen die Schneeverwehungen auf der Bernina-Passhöhe.

Nächste Seite, unten: Berninabahn gegen Piz Palü und Cambrena. Der kleine Zug steigt parallel zur Passstrasse bis Curtinatsch. Nach einer Schleife bei Arlas fährt er wieder längs der Strasse bis zu den Seen.

Berninabahn

17725 Berninabahn gegen Piz Palü und Cambrena

geräumte Schneekanal in wenigen Minuten vollständig aufgefüllt sein. Deswegen musste der Schienenstrang vermehrt geschützt werden. Bis zum Jahre 1915 wurde dauernd an Streckenverbesserungen und Lawinenverbauungen gearbeitet; zum Teil sind ganze Trasseeführungen an weniger exponierte Berghänge verlegt worden. Als wichtige Sicherheitsvorkehrung gilt das künstiche Auslösen von Lawinen durch Raketen oder Minenwerfer. In dieser Beziehung hat die Direktion der Bernina-Bahn wertvolle Versuche durchgeführt. Den dauerhaftesten Schutz

Der Zug von Tirano nach St. Moritz befindet sich in der engen Einfahrtskurve zur Station Alp Grüm. Ein prächtiger Blick wird frei in das zwischen hohen Bergflanken eingebettete Puschlav und auf den rund 1200 m tiefer liegenden Lago di Poschiavo.

Blick auf Poschiavo um 1920. Von Stufe zu Stufe senkt sich die Bahnlinie hinunter ins Puschlavertal. Oberhalb San Carlo fährt die Bahn in fünf Schleifen hin und her, zwischen zwei wilden Bergbächen, dem Cavagliasco und dem Veronabach, durch Tannen und Lärchen, über Viadukte und durch kleinere Tunnel hinunter ins Tal.

allerdings bilden Galerien. Heute zählt die Linie 14 Galerien mit einer Gesamtlänge von 2065 m und ist damit die galerienreichste Eisenbahnstrecke der Schweiz.

Bis zum Jahre 1915 betrugen die Bauaufwendungen für die Bahnlinie rund 15 Millionen Franken. Die Bahnunternehmung hatte immer wieder mit finanziellen Schwierigkeiten zu kämpfen, und eine Fusion mit der Rhätischen Bahn im Jahre 1943 blieb die einzige Rettung. In späteren Jahren wurde die Berninastrecke grundlegend modernisiert. Insgesamt sind über 2060 m Galerien zum Schutze der Bahnlinie erstellt worden. Im Jahre 1968 erfolgte auch die Sanierung des Cavagliasco-Tunnels. Dieser 123 m lange Tunnel an der Südrampe war durch den gewaltigen Hangdruck so deformiert worden, dass er auf der ganzen Länge abgetragen und durch eine bergseitige, hohe Betonwand ersetzt werden musste. Die vom Ingenieurbüro Fanzun, Chur, geplante und von der Firma Prader & Co. gebaute Hangsicherung war eine der ersten verankerten Elementwände Graubündes.

Bedingt durch die 70 Promille Steigung der Berninalinie vermag ein modernes Adhäsionsfahrzeug nur rund das 1,3fache seines Eigengewichts als Anhängelast zu befördern. Die Rhätische Bahn untersuchte deshalb im Jahre 1960, ob der teilweise Einbau einer Zahnstange nicht wirtschaftlicher wäre als der reine Adhäsionsbetrieb. Dem gewichtsmässigen Vorteil standen aber grössere betriebliche Nachteile gegenüber.

Alp Grüm um 1920, noch mit der alten Stationsanlage und dem «Restaurant de la Gare». Das Bahntrassee schwenkt in grossem Bogen nach rechts, um in steilem Gefälle hinunter nach Cavaglia zu gelangen.

Vorhergehende Seite, oben: Station Alp Grüm (2090 m). In der Ferne das Puschlav. Seit 1949 wurde die doppelte Schleifenentwicklung am westlichen Abhang der Alp Grüm durch mehr als 760 m Galerien geschützt. Zwischen der mittleren und der unteren Galerie befindet sich der 254 m lange Palükehrtunnel. Der kleine See am Fusse des Palügletschers liefert seine Wässer der Kraftwerkzentrale in Campocologno.

Vorhergehende Seite, unten: Auf der Rückfahrt vom Pfingstmarkt in Tirano am 29. Mai 1977. Die Schneemauer türmt sich auf beiden Seiten des langen Zuges. Im alpinen Klima der Bernina dauert es mehrere Wochen, bis im Sommer die mächtige Schneedecke zusammensinkt.

Unterhalb Brusio befindet sich der einzigartige Kehrviadukt der Rhätischen Bahn. Das gleiche Prinzip wie in einem Kehrtunnel wurde hier in der freien Landschaft angewendet. Der aus Bruchstein gemauerte Kehrviadukt weist 9 Öffnungen zu je 10 m Weite auf. Nach der engen Schleife fährt der Zug unter der vierten Öffnung des Viaduktes hindurch nach Tirano.

Folgende Seite: Die eigenartige Schneckenlinie des Brusio-Kehrviadukts vom rechten Talhang aus gesehen. Der 100 m lange Viadukt hat einen Radius von 70 m und wird bergseits von einem 40 m langen Steindamm eingefasst. Durch das bergseitige Hinauffahren gewinnt der Zug eine Höhe von rund 20 m.

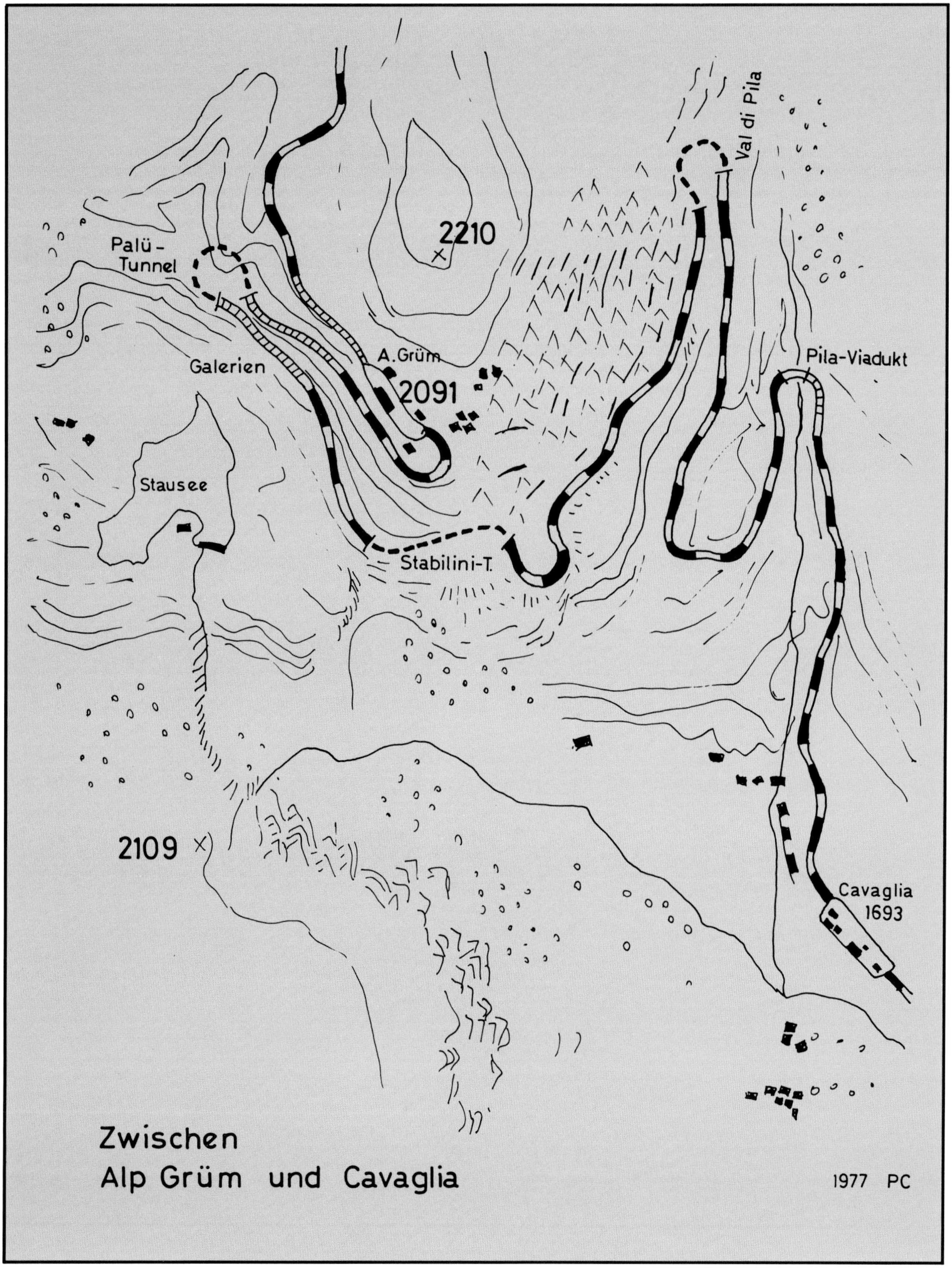
Val di Pila
2210
Palü-
Tunnel
A. Grüm
2091
Galerien
Pila-Viadukt
Stausee
Stabilini-T.
2109
Cavaglia
1693
Zwischen
Alp Grüm und Cavaglia
1977 PC

Chur–Arosa
Arosabahn

Streckenlänge:	26 km
Baubeginn:	Januar 1912
Eröffnung:	12. Dezember 1914
Elektrifizierung:	12. Dezember 1914

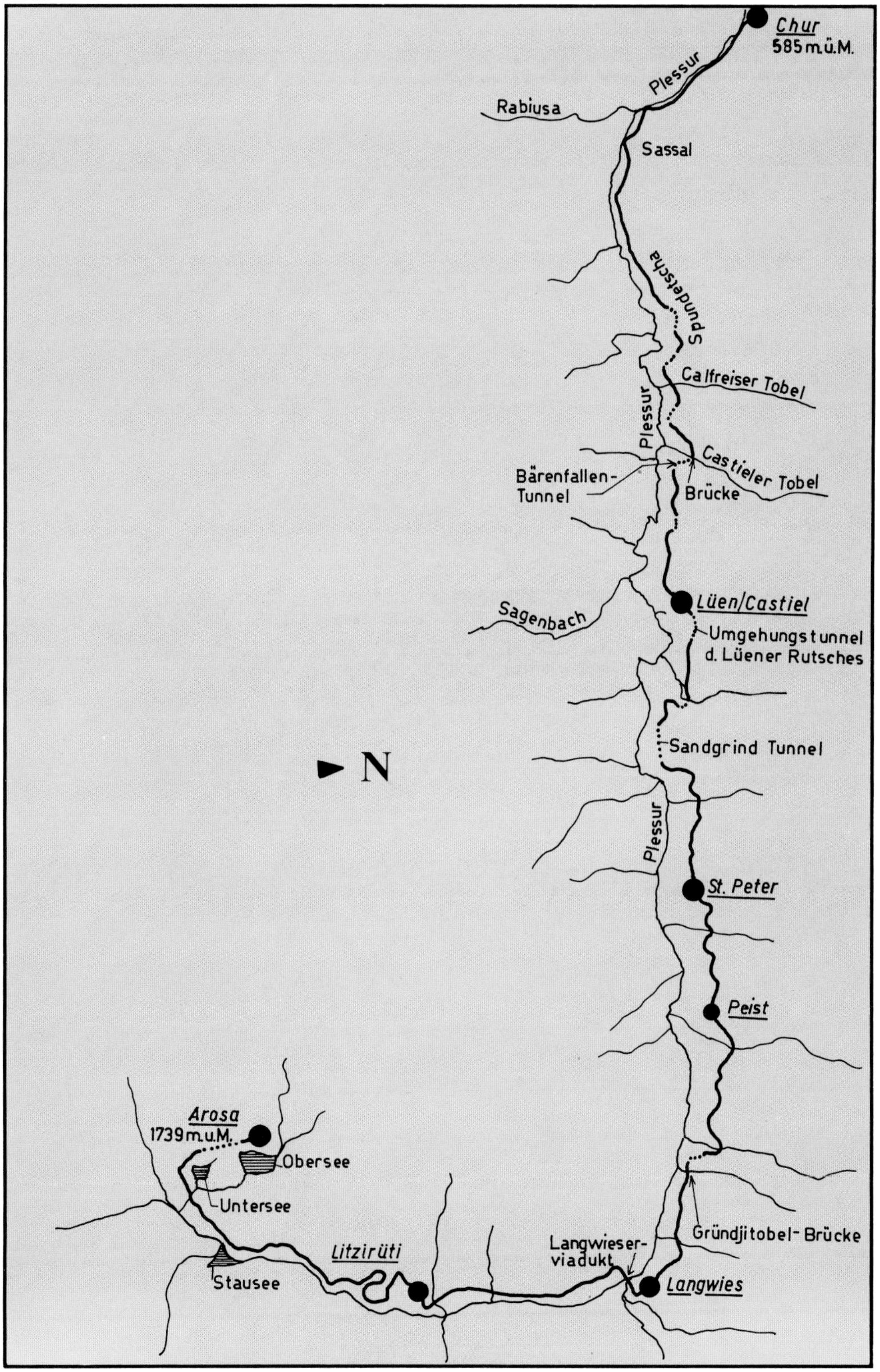

3. Die Arosabahn

Von der Hauptstadt Chur aus fährt der Zug mit den roten Wagen durch das tiefeingeschnittene Schanfigg Arosa entgegen.

Durch das schluchtartige Plessurtal

«Wir sind im Anfang noch in dunklen Schluchten;
es reisst der Wald nur mühvoll sich empor
und schleppt sich hoch an Öffnung und an Tor
zu Himmelblau, das sich hinab verlor.»

Der Lokomotivführer Christian Theus auf der Strecke Chur–Arosa im Dienst. Die Lokomotivführer-Ausbildung ist sehr anspruchsvoll. Der Mann an der Spitze des Zuges muss ein ausgeprägtes Verantwortungsgefühl und eine gute Gesundheit besitzen. (Mai 1975)

«Hinter dem Sand» am Eingang zur Plessurschlucht. Hier wird die Strassenbahn zur kühnen Gebirgsbahn. Sie durchfährt die Sassal-Galerien und -Tunnel und steigt immer höher in Richtung Castielertobel.

So reimte im Jahre 1926 der Aroser Kurdirektor Hans Roelli anlässlich des schweizerischen Pressetages in Chur.
Kurz vor dem Weltkrieg, auf die Wintersaison 1914/15, konnte die kurvenreiche und von Anfang an elektrisch betriebene Bahnlinie eröffnet werden. Die Schienenstrasse durch den lockeren Moränenschutt kostete rund 10 Millionen Franken. Die Bauzeit dauerte nur 2 Jahre. Von 26 km Linie liegen 1776 m auf 41 Brücken und 2460 m in dunklen Tunnels. 27 Jahre nach der Eröffnung, 1941, erfolgte die Fusion mit der Rhätischen Bahn.
Die Idee von Dr. med. Rüedi, eine Bahnverbindung von Chur nach Arosa zu bauen, datierte bereits aus den neunziger Jahren des 19. Jahrhunderts. An einer Versammlung in Chur vertrat später Dr. Anton Meuli den

Der Castielertobel-Viadukt war ursprünglich mit drei Öffnungen zu je 25 m Weite der grösste Steinbau der Arosabahn (Bild rechts oben). Durch Geländeverschiebungen erlitten die gemauerten Brückenbogen erhebliche Schäden. Sie mussten im Jahre 1943 durch Stahlträger ersetzt werden. Der höchste Pfeiler (53 m) rutscht jedoch unaufhaltsam von Jahr zu Jahr um 6 mm talwärts. So mussten die Stahlbalken im Jahre 1961, um wieder zentrisch auf die Pfeiler zu kommen, 30 cm in den S-förmigen Bärenfalle-Tunnel gezogen werden. Die Träger wurden bewusst mehr als notwendig vorgezogen, so dass das Verfahren erst im Jahre 2010 wiederholt werden muss.

*Rechts unten:
Eine Zugskreuzung in Litzirüti. Die Zwischenstationen verfügen über zwei Ausweichgleise und ein Stumpengleis zum Abstellen von Güterwagen.*

Grundsatz, dass allen bündnerischen Tälern der Eisenbahnanschluss zu ermöglichen sei. An die Spitze eines im Jahre 1909 gegründeten Komitees trat Nationalrat Anton Caflisch. Am 15. Juli 1911 wurde in Chur die Bahngesellschaft Chur–Arosa gegründet. Gleichzeitig erfolgte die Wahl des Oberingenieurs Gustav Bener. Die zu erfüllende Aufgabe war folgendermassen umschrieben:
«Auf kürzestem Wege, ohne Gegengefälle, in möglichst gleichmässiger Steigung eine elektrische Adhäsionsbahn, auf die auch die Wagen der Rhätischen, der Bernina- und Furka-Oberalp-Bahn übergehen können, bis zur Wintersaison 1914 betriebsbereit zu stellen und betriebssicher zu erhalten.»

Das bereits seit 1905 bestehende Konzessionsprojekt von Ingenieur R. Wildberger, Chur, wurde im Winter 1911/12 zum Bauprojekt ausgearbeitet und an der Generalversammlung vom 4. Juli 1912 die Bauarbeiten vergeben. Die Firmen Gebr. Baumann & Stiefenhofer, Müller, Zeerleder & Gobat, Caprez & Rossi AG und Franz Marti AG waren daran beteiligt. Die Fabrik Brown Boveri & Cie., Baden, lieferte das Rollmaterial und die elektrische Einrichtung.

Für den Bau des 287 m langen und 62 m hohen Langwieser Viaduktes mit der Bogenspannweite von 100 m waren 330 Tonnen Armierungseisen und über 7400 Kubikmeter Beton erforderlich. Das von Richard Coray erbaute Lehrgerüst benötigte mehr als 700 Festmeter Holz. Die Baukosten, ausschliesslich Oberbau, betrugen damals Fr. 625 000.–.

Schiefer- und Sandreichtum zeichnen das Schanfigg aus und zeigen interessante Erosionserscheinungen. An einigen Streckenabschnitten gab es erhebliche Bauschwierigkeiten. Ganze Stützmauern sanken in die Tiefe, gegen die Plessur. Besonders schlimm war die Durchquerung der «Spundetscha», wie der Name schon sagt: schlechter Hang. Auf einer Länge von rund 3 km befand sich ein gefährliches Rutschgebiet. Die Linie im dortigen Tunnel wurde zur Hälfte verschüttet. Ein Umgehungstunnel, mit Einmündung in das erstere, ruhig gebliebene Tunnelstück, war die einzige Lösung. Zur Sicherung des Trassees mussten insgesamt 22 Tunnel gebaut werden.
Zwischen Langwies und Arosa verläuft der Schienenstrang in einigen Schlaufen durch den Wald und überquert drei mal die Strasse. Unmittelbar vor der Endstation liegt der 290 m lange Arosertunnel. Dieser letzte Durchstich war eigentlich nicht geplant, da die Station am Untersee vorgesehen war. Die Aroser bestanden jedoch darauf, ihre Station am Obersee zu haben.
Im Jahre 1914 dauerte die Bahnfahrt Chur–Arosa 1 Stunde 35 Minuten, während die Postkutsche 6 Stunden Fahrzeit benötigte. Heutzutage befährt die Arosabahn die Strecke in 60 Minuten.

Die grössten Eisenbetonbrücken

In dem bei Langwies, nach Süden abbiegenden Hochtal wölbt sich der von weitem sichtbare Langwieser-Viadukt über die Plessur-Schlucht. Die tollkühne Brückenkonstruktion aus Eisenbeton, mit der filigranähnlichen Feinheit, erregte damals die Bewunderung der Fachleute in aller Welt. Beton kam sonst für Brückenbauten nicht oder ganz selten zur Anwendung, da die Anschaffungs- und Transportkosten von Sand und Zement zu hoch waren. In nächster Umgebung herrschte jedoch Bausteinmangel, wobei der Kies- und Sandreichtum zum Eisenbetonbau geradezu drängte. Der von Dr. Ritter projektierte, von der Firma Ed. Züblin & Cie., Zürich, gebaute und von Dr. Arnstein statisch berechnete Viadukt war im Jahre 1914 die bedeutendste Bahn-Eisenbeton-Bogen-

Links:
Auf dem berühmten Langwieser Viadukt überfährt die Arosabahn die tiefeingeschnittene Plessur-Schlucht und steigt, deren Lauf folgend, südwärts nach Arosa. In den Jahren 1912–14 baute die Firma Ed. Züblin & Cie., Zürich, den damals grössten Eisenbeton-Brückenbogen der Welt.

Porträt am Fusse des mächtigen Widerlagers am 23. Juni 1913. Die Ingenieure Bener, Schürch-Züblin, Ritter, Müller, Zwygart, Bindschädler, Arnstein und Coray bleiben mit diesem stolzen Bauwerk dauernd verbunden.

brücke, die die Welt kannte. Das feingliedrige Bauwerk mit der Bogenspannweite von 100 m ist 287 m lang und 62 m hoch über der Plessur. Mehr als 7400 Kubikmeter Beton und 330 Tonnen Armierungseisen waren für den Bau erforderlich. Die Scheitelbogenstärke beträgt 2 m. Die Gewölbeansätze sind sogar 4 m – und die scheinbar dünnen Fahrbahnstützen immerhin noch 1 m stark. Ein einmaliges Bauwerk für sich war der von Meister Coray verfertigte, prachtvolle Gerüstfächer. Später, als der Betonbau vollendet und erhärtet war, musste das prächtige Lehrgerüst leider abgebrochen werden. Das Stützwerk allein benötigte über 700 Festmeter Holz und zeigte nach der Betonierung der Scheitellamelle kaum einen Zentimeter Setzung. Der Transport aller Baumaterialien erforderte über 1000 Vierspännerfuhren auf damals schlechter Zufahrtsstrasse.
Dieses grösste Betonbrückenbauwerk, eine anerkannte Pionierarbeit, wurde am 1. August 1912 begonnen und am 1. Juli 1914 glücklich beendigt. Die Namen der Ingenieure Ritter, Bener, Schürch-Züblin, Müller, Zwygart, Bindschädler, Arnstein und Coray bleiben mit diesem stolzen Bauwerk dauernd verbunden. Oberingenieur Gustav Bener, der spätere Direktor der Rhätischen Bahn, schrieb damals:

Der Transport aller Baumaterialien erforderte mehr als 1000 Vierspännerfuhren. Hier eine Transportkolonne beim Abladen von Zementsäcken.

«Diese Brücke ist ein glänzender Beweis, dass Tragwerke aus einem grösstenteils der nächsten Umgebung entnommenen Baustoff nach ihrer Beanspruchung dimensioniert, in der Natur eingepasst für das menschliche Auge so wohltuend und erhebend wirken wie das vom Mächtigen ins Zierliche sich hochstufende Geäst einer Wettertanne.»

Im Gründjie-Tobel, unterhalb Langwies, überquert eine weitere 145 m lange Eisenbeton-Brücke die gähnende Erosions-Schlucht. Hier beträgt die Bogenspannweite 85 m. Ingenieur J. Bolliger in Zürich berechnete die Statik. Die Gemeinschaftsunternehmung Müller, Zeerleder & Gobat mit Favre & Cie. brachte die Arbeit zu einem guten Abschluss. Das Lehrgerüst der Brücke – aus den Stützwerk-Beständen der Halenbrücke bei Bern – vollendete Richard Coray am 26. August 1913. Bereits am 15. September konnte der grosse Bogen am Scheitelpunkt geschlossen werden.

Auf der Strecke Chur–Arosa befinden sich noch weitere, sehr interessante Kunstbauten, wie beispielsweise die Castieler Tobelbrücke. Ursprünglich war sie der grösste Steinbau der Arosabahn. Der Übergang mündet direkt in den 250 m langen S-förmigen Bärenfalle-Tunnel. Durch gewisse Geländeverschiebungen erlitten die drei 25 m gespannten Viadukt-Öffnungen erhebliche Schäden. Im Jahre 1943 mussten sie durch Stahlträger ersetzt werden. Der höchste Pfeiler (53 m) rutscht jedoch unaufhaltsam von Jahr zu Jahr um 6 mm talwärts. So mussten die Stahlbalken im Jahre 1961, um wieder zentrisch auf die Stützen zu kommen, 30 cm in den Tunnel gezogen werden. Die Stahlträger wurden

Eine weitere grössere Eisenbetonbrücke überquert unterhalb Langwies die Gründji-Erosionsschlucht. Der kühne Übergang ist 145 m lang, und die Bogenspannweite beträgt hier 85 m. Die Erosionskraft der Witterung erzeugte im Tobel bizarre Erdpyramiden.

jedoch bewusst mehr als notwendig vorgezogen, so dass das Verfahren erst im Jahre 2010 wiederholt werden muss.

Aus Fundamentierungs- und anderen Gründen mussten einige Eisenbrücken, mit Spannweiten von 12, 25, 46 und 48 m, gebaut werden. Die bekannte Glarner Firma Bosshard & Cie., Näfels, baute diese Brücken nach den Plänen der Ingenieure Thurnherr & Bolliger, Zürich.

IV. Die Elektrifizierung und die Sicherheit

1. Die Elektrifizierung bei der Rhätischen Bahn

Die Elektrifizierung bedeutete eine Modernisierung oder Verjüngung des Schienenweges. Der Wasserreichtum mit grossen Gefällsstufen liess in Graubünden eine rasche Entwicklung der Nutzung der «Weissen Kohle» erwarten. Am 18. März 1906 trat das kantonale Wasserrechtsgesetz in Kraft. Jedoch bereits früher, im Jahre 1904, wurde im Puschlav die erste grössere Kraftwerksunternehmung gegründet, die Kraftwerke Brusio AG. Drei Jahre später konnte die Zentrale in Campocologno, damals die

Aus der Zeit der Berninabahn-Elektrifizierung. Die Berninaseen auf 2300 m Höhe, eine romantische Szene aus dem Jahre 1908. «Hier begegnen wir häufig Wanderern, die die wundervolle Aussicht der Alp Grüm kennen lernen wollen. Wer künftig mit der Bernina-Bahn diese Gegend bereist, wird vielleicht mit Interesse auf unserem Bild die Maultiere betrachten, die die für die elektrische Leitung der Bahn notwendigen Isolatoren tragen.» E.V.T.

A.-G. BÜNDNER KRAFTWERKE, CHUR

MASCHINENHALLE DES KRAFTWERKES KÜBLIS

Prospekt der AG Bündner Kraftwerke um 1920. Die Kraftwerkzentrale in Küblis wurde in den Jahren 1919–22 gebaut. Langfristige Verträge mit den Bündner Kraftwerken wie auch mit den Rhätischen Werken ermöglichten der Bahnunternehmung den Energiebezug zu günstigen Bedingungen. Im Jahre 1976 erforderte die elektrische Zugförderung der Rhätischen Bahn beispielsweise 44,10 Millionen kWh.

weitaus grösste Anlage der Schweiz (33 000 kW), dem Betrieb übergeben werden. Dr. Planta wurde erster Präsident dieser Elektrizitätsgesellschaft. Er war auch der Initiant für die Elektrifizierung der Rhätischen Bahn.

Zwischen 1904 und 1909 wurden auf der Strecke Seebach–Wettingen erstmals Versuche mit elektrisch angetriebenen Schienenfahrzeugen durchgeführt. Anschliessend untersuchte E. Plattner, Professor am Technikum Burgdorf, die verschiedenen Anwendungsmöglichkeiten bei der Rhätischen Bahn. Am 18. März 1910 beschloss der Verwaltungsrat der Bahnunternehmung, die noch zu bauende Linie Bever–Scuol-Tarasp als Versuchsstrecke zu elektrifizieren. Die Kraftleitungen von Poschiavo über den Berninapass zur Unterstation Bever waren im Jahre 1912 betriebsbereit. Zwischen August 1911 und Juli 1913 konnten die Schie-

Elemente der Sicherungsanlage in Samedan. Von zentraler Stelle aus werden alle Weichen und Signale elektronisch gesteuert. Gegenseitige Abhängigkeiten verhindern Gefährdungen bei den Ein- und Ausfahrten. Die Weichen sind für den strengen Winterbetrieb mit Heizungen ausgerüstet.

Was für ein malerischer Winkel mit den vielen leuchtenden Blumen! Bei vereinzelten Stationen, wie hier in Wiesen, sind die romantischen, aus «der guten alten Zeit» stammenden Signalglocken noch vorhanden.

nenstränge im Ober- und Unterengadin durch die Siemens-Schuckert-Werke mit dem Fahrdraht ausgerüstet werden.

Im Zuge der Förderung der Elektrifizierung von Privatbahnen wurde der Rhätischen Bahn gemäss Bundesgesetz vom Jahre 1919 ein Darlehen von 17,5 Millionen Franken zur Verfügung gestellt. In der Folge konnten die Strecken Landquart–Klosters–Davos–Filisur durch die Firma Baumann, Kölliker & Cie., Zürich, die Linien Thusis–Bever–Samedan und Reichenau–Disentis durch die A.-G. Kummler & Matter, Aarau, mit der Fahrleitung ausgerüstet werden. Bereits im Frühjahr 1922 konnte der Abschluss der Elektrifizierung mit der Inbetriebnahme der Linie Reichenau–Disentis gefeiert werden. Die Rhätische Bahn wie auch die

Die Hippsche Wendescheibe, unmittelbar am Viadukt vor der Station Wiesen an der Linie Davos–Filisur. Dieser alte Signaltyp kann mittels eines handaufgezogenen Mechanismus um seine senkrechte Achse drehen und somit Fahrt oder Halt anzeigen.

Lötschberglinie haben somit als erste Schweizer Bahnen die Elektrifikation mit hochgespanntem Einphasenwechselstrom betriebsmässig eingeführt.
Von diesem Zeitpunkt an war die Abhängigkeit von ausländischen Kohlenlieferungen nicht mehr so gross. Besonders in der Zeit von 1918 bis 1921 bekam die Rhätische Bahn den Mangel an Kohle zu spüren. In dieser Periode wurden, trotz Fahrplaneinschränkungen und Einstellung des Betriebes an Sonntagen, ungefähr 27 000 Kubikmeter Brennholz auf den Dampflokomotiven verfeuert.
Der dringende Energiebedarf der Rhätischen Bahn führte am 7. Juni 1920 zur Gründung der «Rhätischen Werke für Elektrizität» in Thusis.

Darauf wurde das 1911 (unter Beteiligung der Gesellschaften: Eisenbahnbank Basel, Motor AG Baden, Rhätische Bahn, Kanton Graubünden, Kraftwerke Brusio und Alb. Buss & Cie., Basel) gebildete «Syndikat für die Ausnützung graubündnerischer Wasserkräfte» von dieser neuen Gesellschaft übernommen. Die Rhätischen Werke erwarben von den Kraftwerken Brusio die Umformerstation in Bever. In der Folge konnte die Hochspannungsleitung über den Albulapass nach Thusis und Sils bereits im Jahre 1921 weitergeführt werden. Langfristige Verträge mit den Bündner Kraftwerken und den Rhätischen Werken ermöglichten der Rhätischen Bahn einen Energiebezug zu günstigen Bedingungen.

Vier Stromsysteme

Die Rhätische Bahn verkehrt mit vier Stromsystemen. Das sogenannte Stammnetz (Landquart–Davos–Filisur, Landquart–Chur–St. Moritz, Bever–Scuol, Samedan–Pontresina und Reichenau–Disentis) wird mittels Einphasenwechselstrom von 11 000 Volt und $16^2/_3$ Hz betrieben. Die Zentralen und Umformergruppen in Sils, Thusis, Bever, Küblis und in Notfällen auch der Transformator der SBB in Landquart liefern die erforderliche Energie.

Die Berninabahn verkehrt mit Gleichstrom von 1000 Volt. Durch eine bahneigene Drehstromleitung und Gleichrichteranlage wird die Kraftversorgung sichergestellt.

Mit Gleichstrom von 2400 Volt verkehrt die Arosabahn. Die benötigte Energie liefern die Industrielle Betriebe Chur und das Elektrizitätswerk Arosa über bahneigene Gleichrichterstationen gemeinsam.

In Misox lieferten drei Gleichrichteranlagen die notwendige Energie. Die Misoxerbahn verkehrt mit Gleichstrom von 1500 Volt. Mit der Einschränkung des Betriebes im Jahre 1972 ist der Strombedarf sehr stark zurückgegangen. Früher stammte die Drehstromenergie aus dem bahneigenen Kraftwerk Cebbia. Heute wird der reduzierte Bedarf von den Misoxer Kraftwerken geliefert.

2. Sicherungsanlagen

In den ersten Jahren nach Betriebsaufnahme genügten sogenannte Abschluss-Signale zur Sicherung des bescheidenen Zugverkehrs auf den Stationen. Für den Zugverkehr auf den Steckenabschnitten waren die Stationsvorstände allein verantwortlich, wobei ihnen als Kommunikationsmittel mit den Nachbarstationen bahneigene Telegraphen- und Telefonapparate sowie Glockensignale zur Verfügung standen.
Mit der Verkehrszunahme der Nachkriegsjahre wurde der Mangel an umfassenden Sicherungsanlagen auf den Stationen und vor allem das Fehlen des Streckenblocks immer offensichtlicher. In dieser Zeitspanne fällt auch der forcierte Bau des Steckenblocks auf der vielbefahrenen Stecke Chur–Landquart–Davos. Grundlage für die Automatisierung des Fahrdienstes auf den Zwischenstationen bilden heute Drucktastenstellwerke der Bauart Domino 67 und 69 zur Sicherung des Stationsbereiches und der Gleichstromblocks. Die Funktionsweise der Apparaturen auf den automatischen Kreuzungsstationen ist so programmiert, dass den Zügen immer freie Fahrt über das Stationsgleis mit der höheren V max signalisiert wird, sofern der vorausliegende Abschnitt frei ist.
Der ganze Betriebsvorgang vollzieht sich in der Regel automatisch, kann aber im Bedarfsfall auf einem lokalen Stellpult oder auf dem Fernsteuertableau der Zugleitung gesteuert werden.
Als weitere Hilfsmittel für eine wirtschaftliche Bertriebsführung können auch die rund 60 automatischen Barrierenanlagen bezeichnet werden. Der letzte Barrierenwärter der Rhätischen Bahn wurde bereits 1971 pensioniert, und heute verbleiben nur noch drei Stationen mit handbedienten Barrieren. Ein Ausbauprogramm zur Fernsteuerung der Schaltposten für die Fahrleitungen ist bereits weit fortgeschritten. Von der Netzleitstelle in Landquart aus können schon Fahrleitungsschaltungen auf rund 30 Stationen ausgeführt werden.

(RhB/SBB-Nachrichtenblatt)

V. Die Eisenbahn-Pioniere

Seit ihrer Gründung hat die Rhätische Bahn der Bündner Volkswirtschaft unschätzbare Dienste geleistet. Der Bahnbau war eine grossartige Leistung, die nicht hoch genug bewertet werden kann. Viele der verantwortlichen Ingenieure waren Bündner. Der Holländer W.J. Holsboer, als Pionier-Persönlichkeit, ebnete jedoch als erster den Weg für das bündnerische Schmalspurnetz. Die Frage, ob dies alles einem Einheimischen gelungen wäre, bleibt offen. So erinnert uns auch die berühmte Albulastrecke an den Kieler Oberingenieur und späteren ETH-Professor Fritz Hennings. Alle diese Männer, Ausländer und Schweizer, waren fleissig, hartnäckig und glaubten an den sicheren Erfolg. Sie alle hatten das verhängnisvolle Wort «Wissen ist Macht» durch das bessere «Wissen ist Dienst» ersetzt.

Bildung und technisches Wissen allein hätten wohl die Meisterwerke der Bahnverkehrsmittel in Graubünden nicht zu schaffen vermocht. Die vielen Alpentunnel in schlechtem Bündner Schiefer, die stolzen Brükken, die Schutzdämme, die Wildbachverbauungen und die vielen Lawinenschutzbauten wären nicht so geglückt, wenn nicht kühne, tatbewusste Männer, genial begabte und erfahrene Techniker die grosse Tat vollbracht hätten. Sie alle haben Anrecht auf unsere dankbare Erinnerung.

Unter den Anordnungen der Oberbauleitung haben die Sektionsingenieure, die Bauführer und die unzähligen Arbeiter mit Ausdauer und Wagemut dazu beigetragen, die bemerkenswerten Anlagen der Rhätischen Bahn zu vollenden. Den grössten Blutzoll zahlte die Legion von arbeitsamen und ausdauernden Arbeitern aus dem Piemont und aus der Lombardei. Jahrelang gingen sie nach der schweren Arbeit zu den Mahlzeiten in die Kantine, und Abend für Abend drängten sie sich in den engen, mit Betten angefüllten Baracken. Viele von ihnen hatte die Not in die Fremde getrieben, und sie verkauften fern von ihren Familien ihre Arbeitskraft unter oft schwierigsten Bedingungen.

1. Die Brückenbauer

Auf dem ganzen Schienennetz der Rhätischen Bahn zählt man rund 500 Brücken, die eine Gesamtlänge von 12 000 m aufweisen. Auf 800 m Schienenlänge entfällt somit durchschnittlich eine Brücke. Die gemauerten, aus Beton und Eisen hergestellten Bauwerke sind interessante Dokumente der nun bald hundertjährigen Brückenbau-Entwicklung bei der Rhätischen Bahn und bestätigen das Können früherer Zeiten. Heute werden kaum mehr gemauerte Steinbrücken gebaut, und so zählen diese historischen Bauten zu den Meisterwerken der damaligen Ingenieurbaukunst. Fähige Konstrukteure waren hier am Werk und brachten die uralte Steinbrückenbaukunst zur harmonischen Vollendung. Andere Pionierleistungen, etwa die Eisenbetonbrücken, erregten damals Staunen. Die vielen Brücken der Rhätischen Bahn sind mehr als ingeniöse Konstruktionsbauten. Sie sind gewissermassen ein wahres Kunstwerk, das zur Bereicherung der Landschaft und der vielen Schluchten beigetragen hat. Zum 100jährigen Bestehen der eidgenössischen Post erschien im Jahre 1949 die Briefmarkenserie «Technik und Landschaft». Unter anderen Motiven gelangte auch der Landwasser Viadukt bei Filisur auf der 60-Rappen-Marke zur Darstellung.
In «Bündner Jahreszeiten» schrieb damals der höchst kompetente Erwin Poeschel unteren anderem:
«Wer noch der Meinung sein sollte, dass Menschenwerk und Technik zwar die Schönheit der Natur zerstört, der möge die Viadukte von Langwies, Alvaneu und Wiesen oder die Bahnentwicklung zwischen Bergün und Preda betrachten.»
Und weiter sagte der deutsche Brückenbauspezialist Fritz Leonhardt:
«Tempel und Brücken gehören zu den eindruckvollsten Bekundungen der Menschheit.»
Die Brücken wurden auf Holzstützwerken gebaut, die ihnen die elegante Form der inneren Gewölbeleibung gab. Nach der Beendigung der Mauerarbeiten und Erhärten des Materials konnten die Lehrgerüste abgesenkt werden. Diese Holzlehrgerüste waren oft selbst schöne, elegante und kühne Bauten. Richard Coray war weit über die Kantonsgrenzen und im Ausland als fähiger Meister und Gerüstbauer bekannt. Für die Brücken der Rhätischen Bahn baute er damals viele Gerüste, so für den Soliser-, für den grossen Wiesener-Viadukt und andere mehr. Von 1912–14 arbeitete Coray bei der Chur-Arosa-Bahn. Hier baute er wohl sein kühnstes Werk, nämlich das Lehrgerüst für den 100 m weit gespannten Langwieser-Betonbogen. Auf bewundernswerte Weise ver-

stand der wortkarge Trinser die verschiedenen Verbindungen und Verstrebungen zu entwickeln, die den besonderen Eigenschaften des Holzes angepasst waren.
Am Umfang des gewaltigen Werkes, das in Graubünden während zweieinhalb Jahrzehnten entstand, zeigt sich, dass echte Pionierarbeit auf technisch-ästhetischem Gebiet kein Produkt einer Laune sein kann. Es bedarf einer ungemein ernsten Arbeit, um die vorhandene Harmonie zwischen Technik und Natur zu erreichen.

Archilles Schucan.

Archilles Schucan (1844–1927) aus Zuoz erwarb 1864 am damaligen Polytechnikum in Zürich das Ingenieur-Diplom. Jahrelang arbeitete er an verschiedenen Eisenbahnbauten wie auch als Adjunkt im eidgenössischen Eisenbahninspektorat. 1888 wurde Schucan als Oberingenieur für den Bau der Landquart-Davos-Bahn berufen. Später war er erster Direktor der erweiterten Rhätischen Bahn. Anlässlich des 25jährigen Bestehens der Bahnunternehmung verlieh ihm die Technische Hochschule in Zürich die Ehrendoktorwürde.

Robert Moser.

Oberingenieur Robert Moser (1838–1918) stammte aus Herzogenbuchsee. Von 1856–1859 studierte er an der Technischen Hochschule in Zürich. Dann wirkte er bis zum Jahre 1864 als Bauleiter bei der Bernischen Staatsbahn. Es folgten mehrere Projekte und Studienreisen ins Ausland. 1872 wurde Moser Oberingenieur bei den Schweizerischen Nord-Ost-Bahnen. Von 1879–1895 baute er folgende Bahnlinien: Gotthard-Nordrampe: Flüelen–Göschenen, Thalwil–Zug, Eglisau–Schaffhausen, Dielsdorf–Niederweningen und Schaffhausen–Etzwilen. Nach 1895 verfasste Moser als selbständiger Ingenieur-Experte eine grosse Zahl von Eisenbahnprojekten, Gutachten und Studien. Unter anderem beschäftigte er sich mit den Linien: Chur–Thusis–Albulabahn, Filisur–Davos und Reichenau–Ilanz–Disentis der Rhätischen Bahn. Aus einer langen Liste über Gutachten und Abhandlungen seien einige uns interessierende Titel erwähnt:

1886 Gutachten über Rentabilität einer Graubündner Zentralbahn Chur–Thusis–Filisur.
1890 Projekt für eine normalspurige Alpenbahn von Chiavenna nach Chur, Splügenbahn.
1891 Gutachten über die Anlage einer Albulabahn und die zweckmässigste Bahnverbindung mit dem Engadin.
1896 Gutachten über die Anlage einer elektrischen Strassenbahn Chur–Churwalden–Tiefencastel.
1897 Gutachten betr. die Anlage und Fortsetzung der Bahn von Thusis nach dem Engadin.
1898 Gutachten betr. Anlage einer schmalspurigen Eisenbahn von Reichenau nach Ilanz.
1905 Greinabahn; technischer Bericht, Kostenvoranschlag mit Übersichtsplan und Projekt (mit geologischem Gutachten von Prof. Dr. Alb. Heim.)
1907 Schweiz. Ostalpenbahn. Eisenbahnprojekt Biasca–Greina–Chur. Greinaprojekt mit tieferem Tunnel.
1908 Eisenbahnprojekt Bellinzona–San Bernardino–Chur, Schweiz. Ostalpenbahn.

Etwa 1500 km Eisenbahnlinie sind nach den Moserschen Projekten gebaut worden. Er förderte als erster die Verwendung von natürlichen Bausteinen bei Brückenbauten. Im Jahre 1905 wurde der Eisenbahnpionier von der Zürcher Universität zum Ehrendoktor ernannt. Der Geologe Professor Albert Heim sprach in seiner für Moser gehaltenen Trauerrede am 23. Januar 1918: «Er galt als der grösste Eisenbahn-Ingenieur, den die Schweiz bisher gehabt hat – ein grosser Schöpfer, ein wahrer Bahnbrecher wichtiger Verkehrswege . . .»

Giovanni Gilli.

Giovanni Gilli (1847–1913), aus Zuoz, erwarb 1868 das Diplom als Bauingenieur in Zürich. Er arbeitete an Bahnbauten in Siebenbürgen und in Biel. 1888 wurde er Stadtingenieur in Chur und 1893 Kantons-Oberingenieur. Als Förderer der Albulabahn erwarb er im Jahre 1891 deren Baukonzession. Seit dem Jahre 1898 war er Betriebs-Oberingenieur bei der Rhätischen Bahn und leitete später auch die Bauarbeiten der Linie Samedan–Pontresina.

Fritz Hennings.

Fritz Hennings (1838–1922) stammte aus Kiel. 1861 erwarb er das Ingenieurdiplom in Zürich. Er arbeitete an mehreren Eisenbahnbauten des In- und Auslandes. Unter anderem amtete er als Sektionsingenieur an der Gotthard-Südrampe (1879–1883). Mehrere Jahre war Hennings die rechte Hand des Oberingenieurs Robert Moser (Nord-Ost-Bahn) in Zürich. 1898 erfolgte die Berufung zum Oberingenieur für den Bau der Albulabahn. Zusätzlich überwachte und leitete er die Strecke Reichenau–Ilanz. In der Folge wurde Hennings zum Ehrendoktor ernannt und im Jahre 1903 zum Professor für Strassen- und Eisenbahnbau an die Technische Hochschule in Zürich berufen. Dazwischen projektierte er die Fortsetzungslinien Bever–Scuol und Davos–Filisur der Rhätischen Bahn. Bei der Überreichung einer goldenen Denkmünze der Rhätischen Bahn im Jahre 1921 sagte der 82jährige Professor: «Ja, meine Glanzzeit war bei der Rhätischen Bahn; ich habe mich nachher nie mehr so glücklich gefühlt wie damals, und es freut mich deshalb ausserordentlich, dass mir aus Graubünden diese letzte Ehrung auf Schweizerboden zuteil wird.»

Peter Saluz.

Peter Saluz (1847–1914) aus Lavin. Von 1866–1870 Ingenieur-Studium in Zürich. Dann arbeitete er an der Nord-Ost-Bahn, an der Stein–Koblenz-Bahn und als Bauführer bei der Linie Glarus–Linthal. 1882 wurde er Stadtingenieur in Chur und später amtete er zehn Jahre als Kontrollingenieur in eidgenössischem Dienst. 1898 war er Sektionsingenieur bei der Rhätischen Bahn auf der Linie Reichenau–Ilanz. Als tüchtiger Oberingenieur leitete er später die Bauarbeiten der Strecken: Davos–Filisur 1905–1909, Ilanz–Disentis 1909–1912 und Bever–Scuol 1909–1913.

Gustav Bener.

Gustav Bener (1873–1946) aus Chur. 1893–97 Studium an der Technischen Hochschule in Zürich. Zuerst als Bauführer, dann als Sektionsingenieur bei den Eisenbahnlinien Reichenau–Ilanz 1898–99, Albula 1899–1903, Filisur–Wiesen 1905–09 und Fetan–Scuol 1909–11. Von 1911–14 erbaute Bener als Oberingenieur die Chur–Arosa-Bahn, deren Betrieb er während der ersten vier Jahre leitete. 1919–1936 amtete der erfahrene Ingenieur als Direktor der Rhätischen Bahn.

Richard Coray.

Richard Coray (1869–1964) aus Trin. Coray erlernte das Schreinerhandwerk und besuchte später das Technikum in Winterthur. Danach gründete er zusammen mit seinem Bruder eine Unternehmerfirma. Zwecks Vermessungsarbeiten für die Linie Reichenau–Ilanz baute Coray zunächst den 65 m weit gespannten Seilsteg über den Rhein bei der Trinser Isla Bella. Mehrere Brückenlehrgerüste baute er dann für die Gürbetalbahn und für die Spiez–Frutigen-Linien. Die ersten grossen Holzlehrgerüste bei der Rhätischen Bahn baute Coray für die Muttnertobel-, für die Soliser- und später für die Wiesener Brücke. Klassische Leistungen waren die riesigen Holzlehrgerüste für die weitgespannten Bogenbrücken der Linie Chur–Arosa.

Hans Studer.

Hans Studer (1875–1957) aus Aarau studierte 1894–98 an der Technischen Hochschule in Zürich. Nach dem Studium war er bis zum Jahre 1903 als Bauführer der Bahnstrecke Alvaschein–Alvaneu der Albulalinie tätig. 1905–09 projektierte und überwachte Studer die Linie Davos–Monstein bis und mit Wiesener Viadukt. 1909 wurde er Sektionsingenieur für den Bau der Strecke Bever–Zernez, was ihn bis 1915 beschäftigte. Dazu kam eine begutachtende Tätigkeit für Projekt und Bau der Chur–Arosa- und der Solothurn–Bern-Bahn. Von 1916–24 beschäftigte er sich als Chefbauleiter am Kraftwerkbau Amsteg. Im Jahre 1925 gründete Studer sein eigenes Ingenieurbüro in Zürich.

VI. Die Stationsbauten

Zwischen der höchst- und der tiefstgelegenen Station der RhB liegt eine Höhendifferenz von 1830 m. Die höchste Bahnstation ist Bernina-Hospiz und die tiefstgelegene ist Tirano im Veltlin.
Die Architekten A. Ludwig, M. Lorenz, J.E. Meier, A.J. Arter und A. Rocco planten die meisten Hochbauten. Die «Rhätischen Bahnhöfe» sind eigentliche Zweckbauten und haben wenig Bedürfnis nach Selbstdarstellung. Einige Bauten wurden zuerst gar nur als Provisorium gebaut. Ihre Holzkonstruktionen waren dementsprechend einfach und billig. Bei den Hochbauten ist der Holz- und auch der Steinbau vertreten, beide Varianten sind fast durchwegs mit Giebeldächern versehen. Die Holz-

Die Station Langwies der Aroser Linie. Architekt A. Rocco von Arosa plante das Gebäude. Damals wurde ein Architekturwettbewerb veranstaltet. Die mit dekorativem Schnitzwerk und Wandsprüchen versehenen Blockbauten aus dem Jahre 1913 passen in das gebirgige Landschaftsbild.

Abstellgleise im Nebel. Die im weissfeuchten Schleier verhüllten Wagengruppen auf den Nebengleisen der am Obersee gelegenen Station Arosa.

bauweise dominiert und hat sich bis in die Gegenwart als typisch bekannte Blockbauweise erhalten. Teilweise hübsche, chaletartige Bauten – vereinzelt mit Wandverschindelung als Zugabe oder mit dekorativem Schnitzwerk versehene Varianten – passen sich dem Charakter der ortsüblichen Architektur an. Weite Vordächer, zum Teil auch Veranden und Vorbauten als Schattenspender, bieten auch Schutz vor Wind, Regen und Schnee. Besonders erbauliche Sprüche, wie beispielsweise: «Es eilt die Zeit, Mensch sei bereit» oder «Höhen und Tiefen ebnet die Zeit, aber sie eilet, versteh sie und schaffe», zieren die Aufnahmegebäuden der Arosabahn.

Finden wir in den eher schlichten Holzbauten eine schöne Zimmermannsarbeit, so zeigt sich im gemauerten Engadiner Stationshaus das ebenbürtige Gegenstück. Diese Bauten wurden mit verputzten Bruchsteinen aufgemauert und erhielten eine solide Schieferbedachung.

An allen Stationen finden wir die Einrichtungen vereinigt, die die Rhätische Bahn zur Aufrechterhaltung ihres Betriebes braucht. In den letzten Jahren wurden die Anlagen mit modernen Stellwerken und Fernsteuerungszentren ausgerüstet. Neben den modernsten Signal- und Sicherungsanlagen stehen bei einzelnen Stationen noch die romantischen Signalglocken. Sie vermitteln Erinnerungen aus der «guten alten Zeit.»

Haldenstein um 1914. Unten: Der schlichte Holzbau als Stationsgebäude besteht im Erdgeschoss aus Warteraum, Büro und Güterschuppen mit erhöhter Rampe.

Das Stationsgebäude Scuol/Tarasp, ein Haus von fast festlichem Gepräge. M. Lorenz, der Architekt der Rhätischen Bahn, plante die Bahnhofanlage 1912/13. Die beiden Treppenhäuser in der Form von vorgezogenen Zylindern bestimmen den Baukubus entscheidend mit. Für den Bau des Stationsgebäudes wurde Scuol verpflichtet, 170 Kubikmeter Sand aus der Gemeindekiesgrube zu überlassen.

Im Warteraum hängen die Fahrpläne, und hier befinden sich auch die Schalter zur Bedienung des Personen- und Abfertigung des Güterverkehrs. Entlang der Ladegleise liegen die Schuppen mit den erhöhten Rampen. Sie dienen zum Verladen von Vieh, Holz und Stückgütern. Die Nebengleise werden zu Rangierfahrten und zum Abstellen einzelner Fahrzeuge oder Wagengruppen verwendet.
Zu den weiteren Zweckbauten zählen die Hauptwerkstätten in Landquart und Poschiavo, die Lokomotivdepots wie auch die Wärterhäuschen.
Zu diesen Hochbauten gehört schliesslich auch das Verwaltungsgebäude der Rhätischen Bahn. Im Jahre 1896 übersiedelte die Bahnverwaltung von Davos nach Chur in die 1874/76 von Johannes Ludwig erbaute Villa Planta, das heutige Kunsthaus an der Grabenstrasse. Die expandierende Verwaltung benötigte bald einen grösseren Sitz. Ein Architekturwettbewerb wurde ausgeschrieben, und im Jahre 1906 entwarf Architekt Nicolaus Hartmann aus St. Moritz das heutige Verwaltungsgebäude im Park der Villa Planta. Das 1912 vollendete Bauwerk ist auch architekturgeschichtlich von Bedeutung. Ein gewichtiger Hochbau mit mächtigen, gebrochenen Dächern, wie sie der frühe Jugendstil jener Zeit liebte. Das prächtige Gebäude ist von einer grossartigen Parkanlage umgeben, die ebenfalls vom damals planenden Architekten konzipiert wurde.

VII. Die Fahrzeuge der Rhätischen Bahn

1. Die Lokomotiven

Typenbezeichnungen

Die Lokomotiven erhalten grundsätzlich ihre Serienbezeichnung gemäss der zugelassenen Höchstgeschwindigkeit. Für die Schmalspurlokomotiven steht das Zeichen G. Das kleine (e) nach dem (G) zeigt die Betriebsart und bedeutet: elektrisch mit Stromabnehmer. Das Zeichen (em) nach

Die einzigartigen, von der Rhätischen Bahn immer wieder geführten Dampffahrten werden dazu beitragen, die Erinnerung an den früheren Dampfbetrieb lebendig zu erhalten. Diese Dampflokomotive befindet sich auf der Fahrt nach Disentis. Sie überquert den Vorderrhein auf der Eisenbrücke bei Rueun.

Mogul-Tender-Dampflokomotive G 3/4 Nr. 1 mit dem Namen Rhätia der einstigen Landquart–Davos-Bahn. Das Bild entstand anlässlich eines Fernsehfilms in Chamby (TV romande), «La pêche miraculeuse», am 8. September 1975. Diese Lokomotive erwarben die SBB und das Verkehrshaus der Schweiz. Die Museumsbahn Blonay–Chamby erhielt die Maschine als Leihgabe. Im Jahre 1889 lieferte die Schweizerische Lokomotiv- und Maschinenfabrik (SLM) 5 Einheiten an die Landquart–Davos-Bahn. Jede Maschine verfügte über 184 kW und kostete Fr. 60 000.–.

dem (G) besagt: elektrisch mit Stromabnehmer und Dieselmotor. Die Zahlen nach dem (G) haben folgende Bedeutung: die erste Ziffer nennt die Zahl der angetriebenen Achsen und die zweite die Gesamtzahl der Achsen. Beispiele: Dampflokomotive G 4/5, elektrische Lokomotive Ge 4/4 oder für dieselelektrisch betriebene Zweikraftlokomotiven Gem 4/4. Trieb- und Steuerwagen wie auch Personenwagen erhalten folgende Bezeichnungen: A heisst 1. Klasse, B=2. Klasse und D bedeutet Gepäckwagen. Bei den Triebwagen der Bernina- oder der Arosabahn kann man entsprechende Kombinationen erkennen, ABD für einen Triebwagen mit Abteilen 1. und 2. Klasse wie auch für einen Gepäckraum.

Die romantische Dampfepoche

Die Dampflokomotive bedeutete seinerzeit den Inbegriff der Technik. Eindrucksvoll war dieses rauchende Ungetüm, bei dessen Vorbeifahrt jedermann stehen blieb und seiner wehenden Dampfwolke nachblickte. Letzte Exemplare dampfen noch heute zu vereinzelten Nostalgie-Fahrten über die Schienenstränge, zum Aussterben verurteilt, doch immer noch eindrucksvoll.

Die Mogul-Tenderlokomotive G 3/4 Nr. 11, Baujahr 1902, in Landquart (1976). Die Inbetriebnahme erfolgte am 8. Januar 1903. Die Rhätische Bahn bestellte in den Jahren 1896, 1901, 1902 und 1908 total 11 Einheiten. Gegenüber der ersten Serie wurde der Kessel vergrössert. Die Leistung erhöhte sich auf 258 kW. Als Betriebsvorräte führte jede Tenderlokomotive 3100 Liter Wasser und 1400 kg Koks mit sich. Im August 1977 erwarb die «Vereinigung der Dampflokfreunde Berner Oberland» von der Rhätischen Bahn die Lokomotive.

Die Fahrt durch die verrussten und verqualmten Tunnels war jedoch für die Mannschaft einer Dampflokomotive eher unbehaglich. Der Lärm und der Rauch im Finstern glich einer tosenden Hölle auf stählernen Rädern. Auf der Albulalinie war der Dienst besonders mühsam und anstrengend. Gefürchtet waren vor allem die Kehrtunnels zwischen Bergün und Preda. Mund und Nase mussten mittels nasser Putzfäden geschützt werden. Die Rauchgase, das Gemisch aus Russ und Staub, Fetten, Ölen und der Qualm des Dampfbetriebes bildeten auf den Schienenlaufflächen eine schmierige Schicht. Dadurch wurde die Reibung zwischen Rad und Schiene unter gewissen Umständen so vermindert, dass sich der ganze Zug im Tunnel nach rückwärts zu bewegen begann und am unteren Portal wieder herauskam. Durch Russ und Qualm geplagt konnte die Besatzung oftmals die Fahrtrichtung im dunkeln Tunnel nicht feststellen. Um zu wissen, ob sich die schwer fauchende Dampflokomotive vorwärts bewegte oder rückwärts rutschte, musste der Heizer mit einem Besen die Tunnelwand berühren. Das waren richtige Abenteuer.

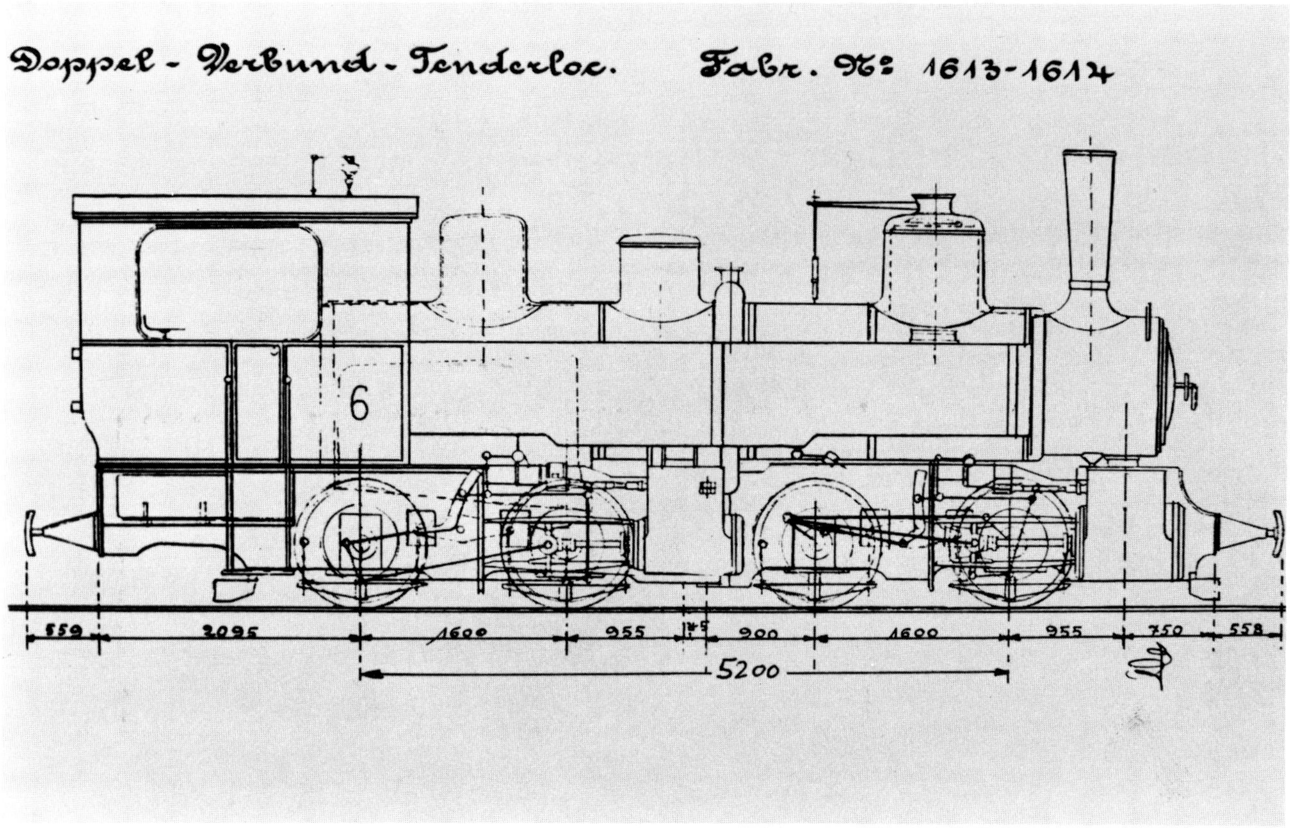

Zeichnung der Doppel-Verbund-Tenderlok, System Mallet. Der Genfer Ingenieur Anatole Mallet erfand 1884 die nach ihm benannte Mallet-Gelenklokomotive. Der Erfinder hatte sich besonders um das amerikanische Eisenbahnwesen verdient gemacht. Im Jahre 1891 lieferte die Lokomotivfabrik Maffei in München zwei Mallet-Tenderlokomotiven an die Landquart–Davos-Bahn. Die beiden Maschinen Nr. 6 «Scaletta» und Nr. 7 «Albula» verfügten über je 316 kW und kosteten pro Einheit Fr. 68 000.–. Bei der Rhätischen Bahn erhielten sie später die neuen Betriebsnummern 21 und 22. Im Jahre 1910 wurde an beiden Lokomotiven eine vordere Laufachse angebracht. Beide Maschinen wurden 1920 nach Brasilien verkauft. In den Jahren 1896 und 1902 baute diesmal die Schweizerische Lokomotivfabrik in Winterthur insgesamt 10 Mallet-Tenderlokomotiven mit je einer vorderen Laufachse für die Rhätische Bahn. Nach der Elektrifizierung sind die Maschinen nach Spanien, Madagaskar und an die Yverdon–Ste-Croix-Bahn verkauft worden.

Die ersten Mogul-Lokomotiven waren bald zu schwach, so dass auf der Strecke Küblis–Wolfgang zwei Maschinen vorgespannt werden mussten. Erst bei der Einführung der stärkeren Mallet-Tenderlokomotiven im Jahre 1891 konnten die Hauptschwierigkeiten behoben werden. Aber auch später, bei den durchgehenden Schnellzügen von Chur nach St. Moritz, zeigten diese Mallet-Maschinen ihre Schwächen. Bessere Traktionsverhältnisse brachten erst die im Jahre 1904 eingeführten Schlepptender-Dampflokomotiven der Bauart G 4/5.

Lokomotive G 4/5 Nr. 107 aus dem Jahre 1906. Diese Maschine führt heute die von der Rhätischen Bahn organisierten Dampfzüge. Zwischen 1904 und 1915 kamen 29 dieser damals leistungsstarken Maschinen in Betrieb. Die Einheiten mit den Betriebsnummern 101–129 wurden nach den Schmalspurlokomotiven für Äthiopien bei der SLM in Winterthur gebaut. Bei Versuchsfahrten wurde ein Zug mit 90 Tonnen Anhängelast auf einer Steigung von 35 Promille mit einer Geschwindigkeit von 22 km/h befördert, und bei Talstrecken soll die Maschine auch bei einer Geschwindigkeit von 52 km noch ruhig gearbeitet haben.

Die Dampflokomotiven

Die Entwicklung der Dampflokomotive wies schon einen beachtlichen Stand auf, als die ersten 5 Mogul-Maschinen im Jahre 1889 auf der Strecke Landquart–Davos eingesetzt wurden. Rhätia, Prättigau, Davos, Flüela und Engadin, so hiessen die ersten Dreikuppler-Tenderlokomotiven G 3/4, Nr. 1 bis 5, die je mit drei Treibachsen und einer vorderen Laufachse ausgerüstet waren. Jede Lokomotive leistete 184 kW und war in der Lage, Züge von bis zu 45 Tonnen Gewicht mit einer Geschwindigkeit von 15 km/h nach Davos zu schleppen. Die Fahrt von Landquart nach Davos dauerte rund 200 Minuten.

Im Jahre 1891 kamen die ersten Mallet-Dampflokomotiven Nr. 6–7 mit den Namen Scaletta und Albula in Betrieb. Diese ersten Mallet-Maschinen mit vier Treibachsen waren in der Lokomotivfabrik J.A. Maffei in München hergestellt worden. Sie erhielten später die Betriebsnummern 21 und 22. Um bessere Laufeigenschaften zu erzielen, wurde im Jahre 1910 in der Hauptwerkstätte Landquart an beiden Maschinen eine vordere Laufachse montiert.

Dampflokomotive G 4/5 Nr. 114. Sie wurde am 4. Juni 1907 von der SLM an die Rhätische Bahn abgeliefert. Mit ihren 590 kW betrug die Höchstgeschwindigkeit 45 km/h. Das Dienstgewicht belief sich auf 67,5 Tonnen, wobei 10 000 Liter Wasser und 2500 kg Kohle als Betriebsvorräte mitgeführt wurden. Der Beschaffungspreis der Lokomotive betrug Fr. 77 500.–. Im Jahre 1927 wurde die Maschine bei der Rhätischen Bahn ausrangiert. Sie gelangte an die Thailändische Staatsbahn, wo sie dann 1950 verschrottet wurde.

Blick in den Führerstand der Dampflokomotive Nr. 107, Baujahr 1906. Fünf Stunden vor der Fahrt muss die Maschine durch die runde Kesselöffnung angeheizt werden, um den erforderlichen Betriebs-Dampfdruck zu erreichen. Durch Drehen des grossen Handrades wird die Lokomotive vor- und rückwärts gefahren. Vorhanden sind allerlei Instrumente, wie Druck- und Temperaturmessgeräte, Wasserstandsanzeiger, Geschwindigkeitsmesser und anderes mehr.

Die ersten Mallet-Lokomotiven lieferte Maffei an die Landquart-Davos-Bahn. Die übrigen Dampflokomotiven der Bahnunternehmung wurden von der Schweizerischen Lokomotiv- und Maschinenfabrik (SLM) in Winterthur hergestellt.
1896 sind weitere Mogul-Maschinen G 3/4 Nr. 6–8 und die Mallet-Lokomotiven Nr. 23–24 in Dienst gestellt worden. In den Jahren 1901, 1903 und 1908 erfolgte die Anschaffung der letzten Mogul-Maschinen Nr. 9–16. Der Lieferungsabschluss der Mallet-Lokomotiven Nr. 25–32 erfolgte in den Jahren 1902/03. Diese Maschinen zogen bereits 70 Tonnen über den Wolfgang und leisteten 440 kW. Der erste Dampfschnellzug im Jahre 1903 befuhr die Strecke Landquart–Davos in 165 Minuten. Im Vergleich zur Postkutsche, die für die Reise $9^1/_2$ Stunden brauchte, war dies immerhin ein ungewöhnlicher Fortschritt. Heute benötigt der elektrische Schnellzug für die gleiche Strecke 70 Minuten.

Zum Vergleich der Führerstand einer elektrischen Lokomotive Ge 6/6 der Serie 701–707. Die Geschwindigkeit wird mit dem Handrad reguliert. Unmittelbar rechts vom Rad befindet sich die Vakuumbremse, und aussen am Seitenfenster liegt der Handgriff für die Druckluftbremse. In der Ecke sind die Anzeigeinstrumente wie Tachometer, Manometer und anderes mehr übereinander. Links am Schaltpult befinden sich Volt- und Amperemeter, verschiedene Schalter und auch der Umschalthebel für Vor- und Rückwärtsgang.

Die Mallet-Lokomotiven waren immer ziemlich hohen Belastungen ausgesetzt. Dadurch traten öfters Radbrüche auf, und der allgemeine Unterhalt dieser Maschinen wurde eher aufwendig.
Die Rhätische Bahn ging daher auf die Suche nach stärkeren Triebfahrzeugen. Damals baute die Schweizerische Lokomotiv- und Maschinenfabrik (SLM) in Winterthur für die «Compagnie Impériale des Chemins de Fer Ethiopiens» zwei Schlepptender-Dampflokomotiven der Bauart G 4/5. Es wurde vereinbart, mit einer dieser Maschinen auf den steigungsreichen Strecken der Rhätischen Bahn Versuchsfahrten vorzunehmen. Die Ergebnisse dieser Probefahrten waren positiv. In der Folge bestellte die Bahnunternehmung in den Jahren 1904 bis 1915 insgesamt 29 Stück Schlepptender-Dampflokomotiven der Klasse G 4/5. Die 55 Tonnen schweren Maschinen mit den Betriebsnummern 101–129 leisteten je 590 kW und zählten damals zu den stärksten Schmalspur-Dampflokomotiven

Die Lokomotive Ge 2/4 Nr. 205 befindet sich seit 1974 vor dem Haupteingang des Technikums in Winterthur. Am 17. Mai 1913 erfolgte die Inbetriebsetzung der 206 kW starken Maschine. Ihre gesamte Laufleistung betrug 1 210 950 km. Der Antrieb erfolgt vom Motor zur Treibachse durch eine Schrägstange. Die sichtbare Stirnwandtüre wurde im Jahre 1929 eingebaut. Sieben Lokomotiveinheiten sind damals für je Fr. 72 000.– bei der SLM in Winterthur in Auftrag gegeben worden. Einige Maschinen wurden später zu Rangierlokomotiven umgebaut.

überhaupt. Auf der Albulastrecke konnten sie Züge bis zu 90 Tonnen Gewicht befördern.
Im Jahre 1915 besass die Rhätische Bahn insgesamt 57 Dampflokomotiven. Die Anschaffungskosten für die einzelnen Maschinen betrugen damals für die Mogul-Typen rund Fr. 52 000.–, für die Mallet-Lokomotiven Fr. 75 000.– und für die grossen Schlepptender-Dampflokomotiven G 4/5 rund Fr. 86 500.–.
Mit dem Übergang vom Dampfbetrieb zur elektrischen Traktion im Jahre 1913 bekundete die Rhätische Bahn den festen Willen, als Bündner Staatsbahn ihre Leistungen den modernen Erfordernissen anzupassen. Nach der Elektrifizierung wurden die nicht mehr benötigten und noch nicht ausrangierten Dampflokomotiven verkauft. Die «Rhätia» Nr. 1 aus dem Jahre 1889 wurde von den Schweizerischen Bundesbahnen und vom Verkehrshaus der Schweiz in Luzern erworben. Seit 1972 befindet sich die Maschine als Leihgabe bei der Touristikbahn Blonay–Chamby. Die Lokomotiven Nr. 3, 4 und 5 mit den Namen: «Davos», «Flüela» und «Engadin» fuhren noch bis zum Jahre 1955 bei den Luxemburger Chemins de fer vicinaux. Zum 100jährigen Bestehen der Appenzellerbahn verkaufte die Rhätische Bahn die Mogul-Maschine Nr. 14 aus dem Jahre 1902. Die Lokomotive Nr. 118 mit Schlepptender aus dem Jahre 1912 steht heute, nach jahrzehntelangem Gebrauch, als Denkmal auf dem

Bahnhof von Chiang-Mai in Nord-Thailand. Zwei weitere Maschinen G 4/5 befinden sich im Technischen Museum in Bangkok. Andere Dampf-Veteranen kamen nach Brasilien, Spanien, Madagaskar, zur Brünigbahn, zur Yverdon-Ste-Croix-Bahn und an die Kraftwerke Oberhasli, wo sie alle noch etliche Jahre verkehrten. Heute besitzt die Rhätische Bahn noch zwei Dampflokomotiven, nämlich die beiden G 4/5 Nr. 107 und 108 aus dem Jahre 1906.

Lokomotive Ge 2/4 Nr. 221 im Rangierdienst in Samedan (1975). Die ursprüngliche Betriebsnummer bei der Einführung am 16. April 1913 war 203. Im Jahre 1944 wurde ihre elektrische Ausrüstung umgebaut, wobei die Leistung von 228 auf 450 kW erhöht wurde. Am 1. August 1952 entgleiste die Maschine und erlitt einen schweren Schaden. Die Lokomotive wurde einem Zug nach St. Moritz vorgespannt. Infolge übersetzter Geschwindigkeit (65 statt 36 km/h) wurde sie in der engen Rechtskurve vor Bever aus den Gleisen und über die Böschung geworfen.

Lokomotive Ge 4/6 Nr. 355 vor einem Güterzug in Landquart (1976). Am 21. Dezember 1914 erfolgte die Inbetriebsetzung. Vor der Ablieferung durch die SLM war die 545 kW starke und damals modernste Lokomotive an der Landesausstellung in Bern. Die Beschaffungskosten beliefen sich auf Fr. 153 000.–. Die Maschine bleibt weiterhin für besondere Aufgaben einsatzbereit. Sechs Lokomotiven dieser Gattung, die Nrn. 351–355 und 391, wurden in Auftrag gegeben.

Die elektrische Traktion

Die Betriebsergebnisse mit elektrischer Traktion zeigten, dass die Dampflokomotive auf die Dauer kaum in der Lage war, sich zu behaupten. Die Elektrolokomotive war wesentlich leistungsfähiger als die dampfbetriebene gleicher Grösse, da sie ihre direkte Energiequelle nicht mit sich führen musste. Ausserdem betrug die Fahrleistung der elektrischen Lokomotive zwischen zwei Hauptrevisionen das Zweifache einer Dampflokomotive. Im Jahre 1913 standen bei der Rhätischen Bahn 11 elektrische und 50 dampfbetriebene Lokomotiven in Betrieb. 15 Jahre später konnte ein gleich grosser Verkehr mit nur 30 elektrischen Lokomotiven bewältigt werden.
Mit der Elektrifizierung der Strecken im Engadin wurden vorerst die kleinen, rostbraunen Elektrolokomotiven Ge 2/4 Nr. 201–207 beschafft. Später kamen die stärkeren Ge 4/6 Nr. 301–302, 351–352, 353–355 und Nr. 391 dazu.
Die im Jahre 1913 gebaute Lokomotive Nr. 391 fuhr beispielsweise über 60 Jahre lang ihre Stammstrecke St. Moritz–Scuol. Im Jahre 1937 überstand sie sogar einen Sturz aus fast 100 m Höhe in den Innfluss. Eine weitere Maschine, die Ge 4/6 Nr. 355, war im Jahre 1914 an der Landesausstellung in Bern und wurde im Dezember gleichen Jahres an die Rhätische Bahn abgeliefert. Sie fuhr noch im Jahre 1977 zu einzelnen Einsätzen zwischen Landquart–Chur und Thusis. Die Höchstgeschwindigkeit dieser Maschine beträgt 55 km/h.

Lokomotive Ge 6/6 Nr. 411 in Ilanz (1976). Die im Volksmund als «Krokodil» bezeichnete Lokomotive wurde am 26. Oktober 1921 von der SLM abgeliefert. Im ganzen sind in den Jahren 1921 bis 1929 15 Einheiten bestellt worden. Die Kosten jeder Maschine betrugen Fr. 500 000.–. Die starken Schmalspurlokomotiven mit dem bewährten Schrägstangenantrieb verfügten je über 885 kW und sind heute noch mit Güterzügen unterwegs. Einige dieser Lokomotiven haben schwere Unfälle überstanden. So wurde die abgebildete Maschine am 13. August 1931 bei Stuls, oberhalb Bergün von einem grossen Steinschlag erfasst. Sie stürzte eine steile Böschung hinunter. Die Bergungsarbeiten dauerten vom 19. August bis am 29. September, und am 11. März 1932 erfolgte die Probefahrt der wiederhergestellten Lokomotive. Die Kosten für den Wiederaufbau beliefen sich auf Fr. 176 300.–. Die Lokomotiven Nr. 405, 406 und 407 stiessen im Jahre 1927 auf dem Tischbachviadukt zusammen. Sie wurden in der Hauptwerkstätte Landquart unverändert wiederhergestellt.

Drei Triebwagen ABDe 4/4 Nr. 481, 482 und 484 der Aroser Linie auf dem Bahnhofplatz Chur (1976). In den Jahren 1964/65 und 1972/73 wurden 9 Triebwagen für die Berninalinie und 1957 sowie 1972 8 Triebwagen für die Strecke Chur–Arosa in Dienst genommen. Die modernen Fahrzeuge besitzen je 4 Motoren mit zusammen 690 kW, 40 Sitzplätze und sind von den Firmen Schweizerische Wagonfabrik AG Schlieren und Brown Boveri Baden hergestellt worden. Die Gestehungskosten betrugen pro Triebwagen 1,5 Mio. Franken.

Die Lokomotive Ge 4/6 Nr. 355 kostete damals zum Beispiel 153 000 Franken. Zum Vergleich betrug der Anschaffungspreis einer modernsten Thyristor-Lokomotive Ge 4/4 im Jahre 1973 rund 1,7 Millionen Franken. Einige Ge 2/4-Lokomotiven versehen heute noch Rangierdienste. Eine andere, wie beispielsweise die Nr. 205, wurde im Jahre 1974 vom Verein Ehemaliger des Technikums Winterthur gekauft, restauriert und dem Technikum zu dessen 100-Jahr- Jubiläum geschenkt. Eine weitere, die Nr. 207, wurde vom Verkehrshaus der Schweiz in Luzern erworben.

In den Jahren 1921 bis 1929 erfolgte die Einführung der leistungsstarken, den «Gotthard-Krokodilen» ähnlichen Lokomotiven Ge 6/6 der Serie 401–415. Die sechsachsigen, braungestrichenen Maschinen leisten 885 kW und konnten ohne weiteres eine Anhängelast von 200 Tonnen über den Albula schleppen. Jahrzehntelang prägten die «Krokodile» die Kraft und Qualität der Triebfahrzeuge bei der Rhätischen Bahn. Heute passen sie aber bezüglich Höchstgeschwindigkeit nicht mehr in das Betriebskonzept und werden noch als Güterzugslokomotiven eingesetzt. Der Beschaffungspreis dieser Ge 6/6-Maschinen betrug damals 500 000 Franken pro Einheit.

Ein charakteristisches Merkmal aller elektrischen Lokomotiven seit 1913 bildeten die Antriebsstangen. Diese Antriebsart war von den Dampflokomotiven übernommen worden. Der Übergang von der Triebstange zur

ersten Serie vierachsiger, laufachsloser Drehgestell-Lokomotiven Ge 4/4 Nr. 601–610 erfolgte in den Jahren 1947 und 1953. Die Entwicklung stellte einen bedeutenden Fortschritt dar, erlaubte sie doch eine Verbesserung der Fahreigenschaften. Diese Lokomotiven leisten je 1150 kW und erhielten erstmals einen grünen Anstrich.
1958 und 1965 wurden die Lokomotiven Ge 6/6 der Serie 701–707 mit Kastengelenk angeschafft. Das Gelenk erlaubt Bewegungen zu Neigungswechseln in den Geleisen. Das Gewicht der sechsachsigen Lokomotive wird gleichmässig auf alle Achsen verteilt. Mit der Leistung von 1770 kW gilt die grüne Ge 6/6 als die stärkste Schmalspurlokomotive Europas. Die zulässige Anhängelast auf der Albulastrecke beträgt zum Beispiel 265 Tonnen. Diese Maschinen werden sowohl im schweren Güterzugsdienst wie auch im Schnellzugsverkehr eingesetzt. Der Anschaffungspreis pro Lokomotive betrug 1,4 Millionen Franken.
Nach gründlichen Vorstudien entschied sich die Bahnunternehmung im Jahre 1963 für die Beschaffung von zwei Zweikraftlokomotiven (dieselelektrisch/Fahrdraht 1000 Volt Gleichstrom). Die im Jahre 1968 gelieferten Maschinen Nr. 801 und 802 des Typs Gem 4/4, mit dieselelektrischem Betrieb, sind in der Lage, ohne Fahrdraht zu verkehren. In Notfällen und bei Stromunterbruch können diese Maschinen in Verbindung mit Schneeschleudern oder als Traktionsfahrzeug vor Zügen eingesetzt werden. Normalerweise verkehren die beiden Zweikraftlokomotiven auf der Berninastrecke als Traktionsmittel für schwere Personen- und Güterzüge. Die Anschaffungskosten betrugen, für die bei Fahrdraht 670 kW und bei dieselelektrischem Betrieb 770 kW leistenden Maschinen, je 1,4 Millionen Franken.
Mit dem Bau der Schnellzugslokomotiven Ge 4/4 der Serie 611–620 und dem Eintritt in die Halbleitertechnik wurde ein neuer Nachweis erbracht, dass in der Entwicklung der Triebfahrzeuge noch lange nicht von einem Endzustand gesprochen werden kann. Die im Jahre 1973 eingeführten Lokomotiven Nr. 611–620 gehören zu den modernsten Triebfahrzeugen. Bei diesen Maschinen wird der Einphasenwechselstrom vorerst in Gleichstrom und dann in Drehstrom, mit regulierbarer Frequenz, umgeformt. Diese Einrichtung ermöglicht, rascher und stufenlos zu beschleunigen. Die Leistung dieser Thyristor-Lokomotiven, so die Bezeichnung der erwähnten Steuerungs-Stromrichtung, beträgt je 1700 kW.
Zur raschen Personenbeförderung im Vorortsverkehr wurden zusammen mit der Industrie besonders leistungsfähige Pendelzüge entwickelt und

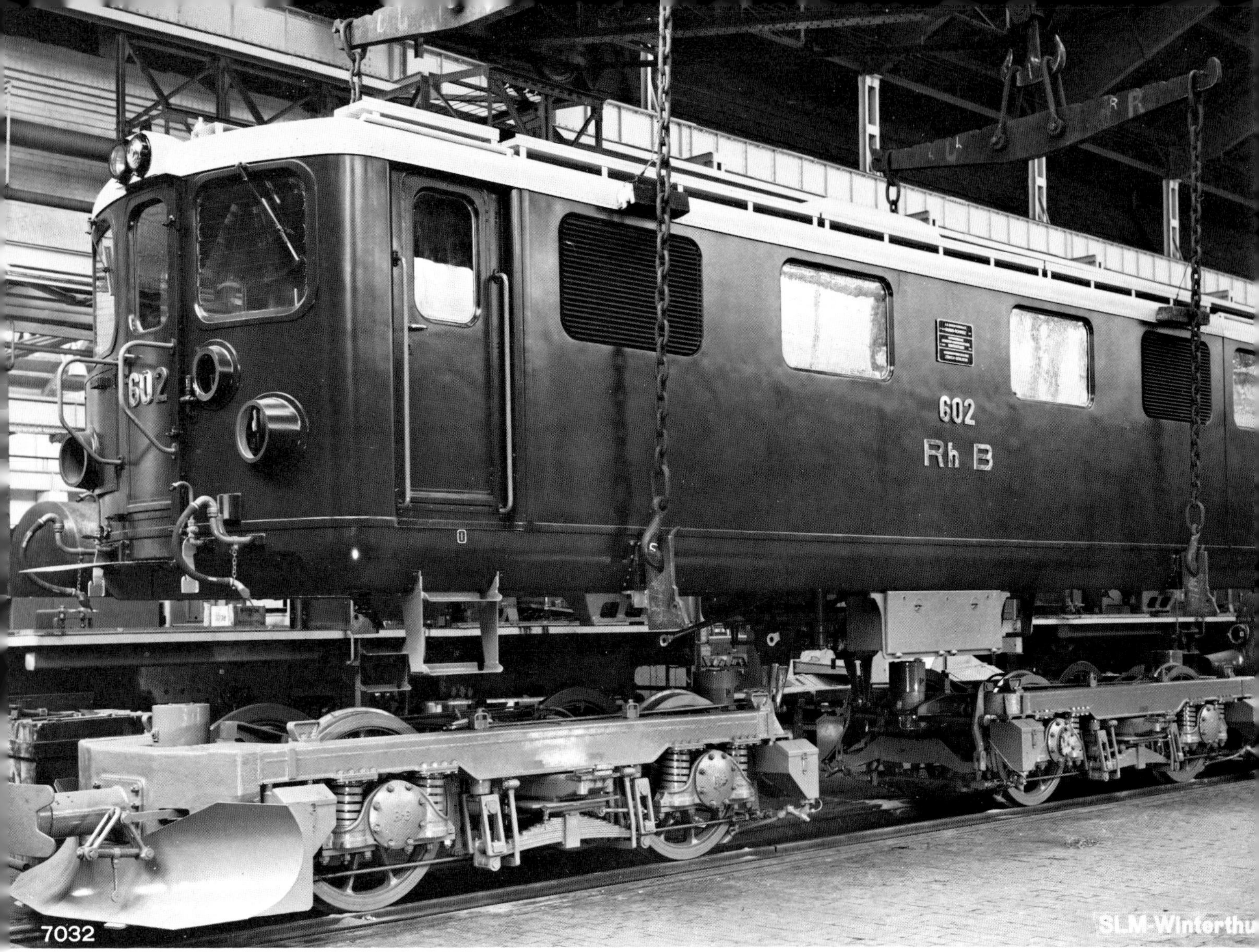

Lokomotive Ge 4/4 Nr. 602 mit dem Namen «Bernina» in der Montagehalle der Schweizerischen Lokomotivfabrik in Winterthur. Am 21. Juli 1947 wurde sie abgeliefert. Von den älteren Lokomotiven unterscheidet sie sich durch ihre höhere Geschwindigkeit (80 statt 45 km/h) und durch die stangenlose Antriebsart. Jede der vier Achsen besitzt einen Motor, und die Gesamtleistung beträgt 1150 kW. Der Beschaffungspreis belief sich auf Fr. 534 000.–. Zehn Lokomotiven mit den Betriebsnummern 601–610 wurden in den Jahren 1947 und 1953 beschafft. Sie tragen alle Namen bekannter Bündner Berge. Die abgebildete Lokomotive Nr. 602 war am 1. August 1952 an dem Unfall mit der kleineren Vorspannlokomotive Nr. 221 in der Kurve bei Bever beteiligt. Sie fiel auf die unter dem Bahndamm liegende Strasse. Der Lokomotivkasten musste neu gebaut werden.

ab 1971 eingesetzt. Die sechs Kompositionen bestehen aus Trieb-, Mittel- und Steuerwagen und haben ein Fassungsvermögen von je 170 Plätzen. Die Triebwagen mit 4 Motoren leisten 780 kW und die Höchstgeschwindigkeit liegt bei 90 km/h.

Ein Blick in den Führerstand dieser elektrischen Triebfahrzeuge zeigt, dass sich der Lokomotivführer die Hände nicht mehr schmutzig zu machen braucht, er braucht auch nicht wie sein Kollege von der Dampflokomotive zu stehen, sondern kann sitzen – seine Aufmerksamkeit darf deshalb jedoch keineswegs geringer sein.

Lokomotive Ge 6/6 Nr. 701 «Raetia». Am 9. Mai 1958 wurde sie von der Rhätischen Bahn übernommen. In den Jahren 1958 und 1965 wurden 7 Lokomotiven dieser Serie 701–707 von den Firmen Schweizerische Lokomotivfabrik, Winterthur, Maschinenfabrik Oerlikon und Brown Boveri, Baden, beschafft. Die Gestehungskosten beliefen sich auf 1,4 Mio. Franken pro Einheit. Mit dem zweiteiligen, horizontal beweglichen Lokomotivkasten wird das Reibungsgewicht von 65 Tonnen gleichmässig auf alle Antriebsachsen verteilt. Die Stundenleistung der 6 Elektromotoren beträgt 1770 kW. Diese Maschinen werden hauptsächlich für den schweren Dienst eingesetzt und gelten als die stärksten Schmalspurlokomotiven Europas.

Die Schnellzugslokomotive Ge 4/4 Nr. 616 «Filisur» bei der Ablieferung am 28. September 1973. Diese Maschine entwickelt eine Leistung von 1700 kW und ist für eine Geschwindigkeit von 90 km/h konzipiert. Im Jahre 1970 wurden 10 Lokomotiven dieser Bauart in Auftrag gegeben. Bis Ende 1973 sind die Maschinen Nr. 611–620 von der Schweiz. Lokomotivfabrik in Winterthur und von Brown Boveri, Baden, sukzessive abgeliefert worden. Die Anschaffungskosten pro Einheit beliefen sich auf 1,8 Mio. Franken. Alle Maschinen tragen die Namen von Bündner Ortschaften. Nachträglich wurden auf beiden Seiten am Kasten die Gemeindewappen angebracht.

Rechts oben: Der Lokomotivkasten der Ge 4/4 Nr. 617 «Ilanz» in der Montagehalle der SLM in Winterthur. Die Lokomotive wurde am 5. Oktober 1973 abgeliefert. Der mechanische Aufbau dieser neuen Generation Triebfahrzeuge lehnt sich an die SBB-Lokomotiven Re 4/4 II. an. Das besondere Merkmal ist jedoch die elektronische Leistungssteuerung, die stufenlos reguliert werden kann. Durch sogenannte Thyristor-Stromrichter wird der Wechselstrom in Gleichstrom umgewandelt und den vier Fahrmotoren zugeleitet.

Rechts unten: Die Zweikraft-Lokomotive Gem 4/4 Nr. 802. Im Jahre 1968 wurden zwei Lokomotiven Nr. 801 und 802 dieser Sonderbauart in Dienst genommen. Diese Maschinen verkehren hauptsächlich auf der Berninastrecke. Sie beziehen Gleichstrom von der Fahrleitung, oder sie erzeugen in Notfällen den Fahrstrom selbst mittels Dieselaggregaten. So können beide zugkräftigen Lokomotiven für alle Zwecke eingesetzt werden. Jede Maschine besitzt 4 Elektromotoren und zwei 12-Zylinder-Dieselmotoren (amerikanischer Herkunft) mit einer Leistung von 770 kW. Die Anschaffungskosten betrugen 1,4 Mio. Franken pro Einheit. Folgende Firmen beteiligten sich an der Lieferung: Schweiz. Lokomotivfabrik in Winterthur, Cummins Engine Comp., Columbus, Indiana, USA, Brown Boveri, Baden, Maschinenfabrik Oerlikon und Ateliers de Sécheron, Genf.

SLM
8073 0082

Steuerwagen ABDt Nr. 1712 in Chur. Seit 1971 bewältigen dreiteilige Triebwagenzüge den Vorortsverkehr. Die Stundenleistung der Motorwagen beträgt 780 kW. Die Maximalgeschwindigkeit liegt bei 90 km/h. Die Beschleunigung und auch die Verzögerung werden durch Thyristorsteuerung elektronisch geregelt. Die normale Dreierkomposition umfasst 170 Sitzplätze. Die Beschaffungskosten betrugen 2,2 Mio. Franken je Dreiwagenzug. Als Baufirmen waren beteiligt: Schweizerische Industrie-Gesellschaft, Neuhausen, Flug- und Fahrzeugwerke, Altenrhein, und die Ateliers de Sécheron, Genf.

2. Die Reisezug- und Güterwagen

Bilder aus der Zeit der Entstehung der Rhätischen Bahn vermitteln eine Ahnung vom Komfort, der den Reisenden geboten wurde. Die Anforderung an bequemes Reisen wurde mit den Jahren jedoch berücksichtigt. Die alten, kurzen und holprigen Zweiachspersonenwagen wurden durch mehr als 330 vierachsige Reisezugwagen mit gepolsterten Sitzen und grossen Fenstern, darunter auch Gepäck-, Post- und Speisewagen mit guten Fahreigenschaften, ersetzt. Angenehm fällt den Reisenden auch die Sauberkeit und die Gepflegtheit der Wagen auf.
Auch früher gab es komfortable und schöne Luxuszüge. Die Rhätische Bahn übernahm in den dreissiger Jahren vier Salonwagen des Luxuszuges «Golden-Mountain-Pullmann-Express». In den Kriegsjahren 1939 bis 1945 benutzten General Guisan und sein Stab diese Fahrzeuge zu Inspektionsfahrten im Kanton Graubünden. Auf der Strecke Chur–St. Moritz verkehrten später die Pullmann-Luxuswagen im damals berühmten «Calais-Engadin-Express». Seither reisten viele Prominente, wie Farah, Kaiserin von Persien, Mitglieder des englischen Königshauses, Feldmarschal Montgomery, Louis Armstrong, Fernandel und andere, in diesen Komfort-Fahrzeugen nach den Bündner Ferienorten. Für spezielle Anlässe wie Hochzeiten, Familienreisen, Gesellschaftsfahrten, Betriebs- und Vereinsausflüge in Graubünden stehen die revidierten Salonwagen der zwanziger Jahre heute wieder zur Verfügung. Eine besondere und ebenso nostalgische Attraktion bildet ein ganzer Zug mit 128 Plätzen aus der gleichen Zeitepoche, bestehend aus einer rostbraunen «Krokodil»-Lokomotive Ge 6/6 und den rotweissen Salon- und Speisewagen.
Im Jahre 1896 wurde ein erster, später ein zweiter Krankenwagen von Landquart nach den damals berühmten Heilstätten in Davos eingesetzt. Die Einrichtung dieser Fahrzeuge bestand aus einem Krankenraum mit Bett, Nachttisch und Lehnstuhl. Weiter waren Wasserklosett, eine kleine Kochnische mit Spültisch und Geschirr vorhanden. Neben dem Krankenraum befand sich ein Abteil mit 6 mit braunem Leder überzogenen Sitzplätzen für die Begleitung und ein Separat-Abteil für den Arzt.
Im Frühjahr 1899 feierte das Bündnervolk in Chur die 400-Jahr Feier zur Erinnerung an die Calvenschlacht. Auf den Bahnstrecken Landquart–Davos, Landquart–Chur und Chur–Thusis mussten an einzelnen Tagen der Festspielaufführungen innert wenigen Stunden bis 5000 Personen nach der Hauptstadt Chur und wieder zurück befördert werden. Da der Personenwagenpark diesem Ansturm nicht gewachsen war, wurde eine

Das Innere eines zweiachsigen Personenwagens mit Holzrahmenfenster und Riemenzug. Unter den Sitzbänken befand sich die Dampfröhrenheizung. So reisten damals unsere Grossväter. Die kurzen und holprigen Zweiachspersonenwagen waren jedoch im Vergleich zur Postkutsche immerhin ein Fortschritt.

grössere Anzahl gedeckter Güterwagen mit beweglichen Sitzbänken ausgerüstet.
Heute kann die Tagesfrequenz je nach Jahreszeit und Wochentag bis zu 50 000 Personen betragen. Im Rekordjahr 1964 sind mehr als 8,4 Millionen Passagiere auf dem Netz der Rhätischen Bahn befördert worden. An Spitzentagen in der Hochsaison fahren oft zwei oder drei Schnellzüge hintereinander über die Albula- und die Davoser Strecken. Am 9. Februar 1974, als der Herren-Abfahrtslauf der Skiweltmeisterschaft in St. Moritz stattfand, wurden an diesem einzigen Samstag rund 44 000 Fahrgäste befördert. Aber schon anlässlich der Winter-Olympiade in St. Moritz konnten in der Woche vom 11. bis 19. Februar 1928 über 35 000 Personen transportiert werden.

Renovierte Salonwagen aus dem Jahre 1931, als erstklassige Luxuswagen. In den weichen Polstern lehnen die Reisenden wie in Klubsesseln und lassen Bild um Bild an sich vorbeiziehen. Der Einsatz dieser Salonwagen beschränkt sich heute auf Sonderfahrten. In den Kriegsjahren 1939–1945 benutzten General Guisan und sein Stab diese Fahrzeuge zu Inspektionsfahrten in Graubünden.

Besonders von Ausländern sind die «Winter-Autoreisezüge» zwischen Thusis und Samedan geschätzt. Im Jahre 1979 wurden auf dieser Strecke 10 253 Strassenfahrzeuge verfrachtet.
Der Eisenbahnverkehr ist aber nicht nur gleichzusetzen mit dem Reiseverkehr. Einen volkswirtschaftlich ebenso bedeutungsvollen Auftrag hat die Bahn im Güterverkehr zu erfüllen. Im Jahre 1964 wurden beispielsweise 770 184 Tonnen Güter und über 51 500 Tiere aller Art transportiert. Von den rund 1000 gedeckten und offenen Güterwagen sind fast 30 Prozent Spezialwagen, wie Zisternen für flüssige Brennstoffe, Wagen für Kies-, Zement- und Holztransporte sowie auch moderne Schiebewandwagen. Eine spezielle Aufgabe haben die Rollschemel, welche eine Weiterführung der Normalspurwagen über die Spurwechselstellen hin-

Blick in den Spiegel des Speisewagens Nr. 3811 der Rhätischen Bahn. In diesem mit Walnussholz getäferten und mit Messingleisten verzierten Speisewagen liessen sich seit dem Jahre 1929 viele Berühmtheiten kulinarisch verwöhnen.

aus ermöglichen. Für den Winter stehen Schnee- und Spurpflüge zur Verfügung. Um den fahrplanmässigen Winterverkehr auf der Berninastrecke aufrechtzuerhalten, wurden im Jahre 1968 zwei moderne Schneeschleudern angeschafft. Die Maschinen sind in der Lage, je 35 000 Kubikmeter Schnee in der Stunde zu räumen. Der Schnee wird bis zu 25 m weggeschleudert.

Anfangs der sechziger Jahre, beim Bau der grossen Wasserkraftwerke im Vorder- und Hinterrheintal wie auch im Engadin, transportierte die Rhätische Bahn überaus grosse und schwere Bauteile. So führte sie am 1. Oktober 1975 ihren 100. Schwertransport durch, nämlich den eines 84 Tonnen schweren Transformators von Chur nach Punt Muragl im Oberengadin. Die Verschiebung ab Chur um 00.01 Uhr dauerte rund 6 Stunden. Für derartige Schwertransporte bis zu 100 Tonnen Gewicht entwikkelte die Rhätische Bahn in Zusammenarbeit mit den Schweizerischen Bundesbahnen (SBB) das Schwerlastfahrzeug SITA (Sils–Tavanasa), dessen kanapeeartige Ladebrücke allein 31 Tonnen wiegt.

Beim Kraftwerkbau verkehrten damals auf dem Netz der Rhätischen Bahn Zementzüge rund um die Uhr. Es galt, täglich bis zu 2000 Tonnen Zement zu transportieren.
Für viele Gemeinden bildet der jährliche Holzverkauf die wichtigste Einnahmequelle. Hunderte von Wagenladungen Rundholz gelangen so über den Berninapass nach Italien. Umgekehrt suchen grosse Mengen von flüssigen Brennstoffen wieder ihren Schienenweg über die Bernina nach Graubünden.

In den Jahren 1956 bis 1964 wurden 100 Zementtransportwagen in Betrieb genommen. Beim Bau der grossen Wasserkraftwerke in Graubünden galt es, täglich bis zu 2000 Tonnen Zement zu transportieren. Tag und Nacht waren Zementzüge unterwegs. Das Ladegewicht pro Fahrzeug beträgt 15 Tonnen. Das Umladen erfolgt mittels Druckluft und dauert rund eine Minute pro Tonne Zement. Die Zementwagen hier im Bild befinden sich in Ilanz (1976).

Rundholztransportwagen auf der Bahnstation Rueun (1975). Der Holzverkauf bildet die wichtigste Einnahmequelle vieler Gemeinden. Im Jahre 1978 wurden zum Beispiel rund 27 164 Tonnen Holz mit der Rhätischen Bahn über die Bernina nach Tirano befördert. Früher besorgte die RhB auf vielen Stationen den Verlad des Holzes mit Gabelhubstaplern oder mit elektrisch betriebenen Kranen.

VIII. Ausblick

1. Probleme und Aussichten

Der Betrieb einer Eisenbahn in Graubünden bringt grosse finanzielle Probleme. Das Einzugsgebiet ist dünn besiedelt und dazu noch weitverzweigt. Die Kosten für den Bahnbetrieb sollten durch die Betriebseinnahmen gedeckt werden. Infolge der grossen und schweren Transporte für die Kraftwerksbauten gelang es der Rhätischen Bahn bis zum Jahre 1969 die Rechnung mit Ertragsüberschüssen abzuschliessen. Seit 1960 bis 1972 waren jedoch allein für notwendige Bauaufwendungen 150 Mio. Franken erforderlich, wovon die Bahnunternehmung aus eigener Kraft 115 Mio. aufbrachte. Den Fehlbetrag leistete der Bund als Investitionshilfe. Im Jahre 1974, bei einem Betriebsaufwand von 86,9 Mio. Franken, betrugen die Bauaufwendungen wiederum 19,2 Mio. Franken. Der Betriebsertrag erreichte die Summe von 80,2 Mio. Franken. Bedeutende Verluste traten mit der Rezession im Jahre 1975 auf, indem der Fehlbetrag in der Rechnung 10,7 Mio. Franken erreichte. Im Jahre 1976 war das Defizit mit 9,1 Mio. um 1,6 Mio. Franken kleiner ausgefallen als im Vorjahr. Der Betriebsertrag stieg um fast 7 Prozent und erreichte die Summe von 86,5 Mio. Franken. 2,9 Mio. weniger betrug der Ertrag im Jahre 1977, nämlich 83,6 Mio. Franken. Für Rollmaterial und weitere Einrichtungen wurden 24,3 Mio. Franken aufgewendet. Bei den Gesamtausgaben von 95 Mio. ergab sich ein Defizit per 1977 von 11,4 Mio. Franken. Diese Zahlen sollen einen Querschnitt über die finanzielle Lage der Rhätischen Bahn geben.

Der Kanton Graubünden stellte dem Bund wiederholt das Begehren, die Rhätische Bahn zu übernehmen und sie in das Netz der Schweizerischen Bundesbahnen einzuverleiben. Nach 1972 konnten jedoch neue Regelungen getroffen werden. Der Kanton trägt derzeit 15 statt wie bisher 30 Prozent an die Investitionshilfe und auch an die Defizitdeckung. Die restlichen 85 Prozent übernimmt der Bund, verzichtet aber auf die Übernahme der Bahnunternehmung. So bleibt die Rhätische Bahn weiterhin ein Bündner Unternehmen.

Eine Gebirgsbahn hat gegenüber einer Bahn im Flachland erheblich höhere Betriebskosten. Im Winter ist die Schneeräumung sehr kostspielig. Die vielen Kurven und auch die grossen Steigungen der Schienenstränge wirken sich auf die Gleise und auf das gesamte Rollmaterial ungünstig aus. Deshalb kann die Bahnunternehmung ihre Verkehrsleistungen unmöglich zu den gleichen Bedingungen anbieten wie die Schweizerischen Bundesbahnen. Die Rhätische Bahn ist somit auf Distanzzuschläge angewiesen. Früher lag das Tarifniveau mehr als das

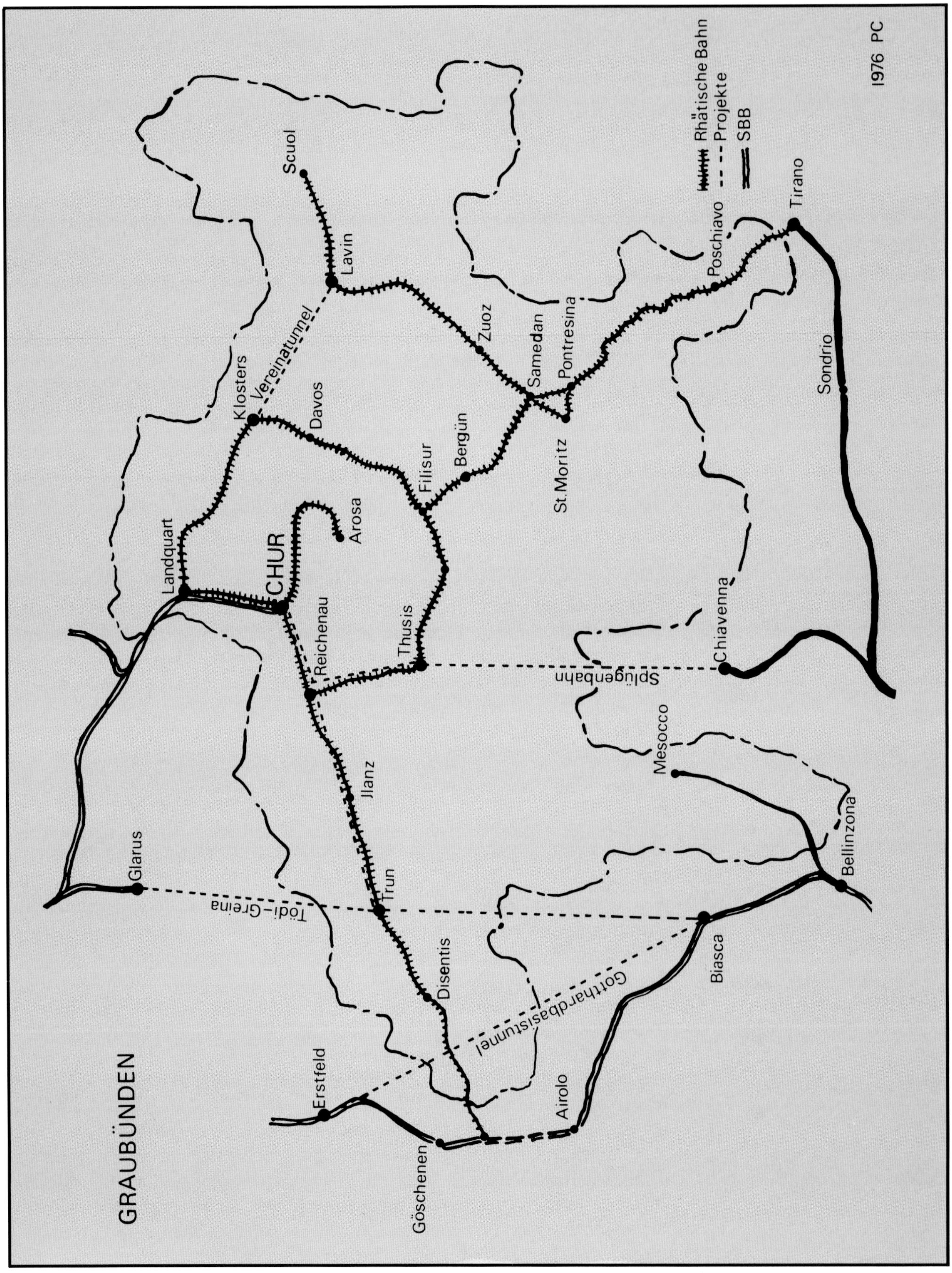
GRAUBÜNDEN
Rhätische Bahn
Projekte
SBB
1976 PC
Scuol
Lavin
Zuoz
Samedan
Pontresina
St.Moritz
Poschiavo
Tirano
Sondrio
Chiavenna
Klosters
Vereinatunnel
Davos
Filisur
Bergün
Landquart
CHUR
Arosa
Reichenau
Thusis
Splügenbahn
Mesocco
Jlanz
Glarus
Tödi-Greina
Trun
Disentis
Gotthardbasistunnel
Bellinzona
Biasca
Erstfeld
Airolo
Göschenen

Doppelte über demjenigen der SBB. Dieser hohe Tarifsatz bedeutete eine Benachteiligung der Bündner Volkswirtschaft. Da die finanziellen Voraussetzungen nicht vorhanden waren, konnte die Bahnunternehmung einen Taxabbau nicht aus eigener Kraft durchführen. In einer ersten Eingabe beim Bund forderte der Kanton Graubünden bereits am 11. Mai 1933 finanzielle Hilfe, um den Abbau der überhöhten Tarife zu ermöglichen. Es folgten weitere Eingaben und Forderungen, unter anderem hiess es:

«Es bedeutet dies keine Bevorzugung Graubündens, sondern ein Gebot der Gerechtigkeit und Billigkeit, lediglich eine Gleichstellung mit den anderen Schweizer Kantonen, die keine eigenen, kantonalen Bahnsorgen kennen . . .»

Durch den Abbau der Bahntarife hoffte Graubünden, seine wirtschaftliche und soziale Lage verbessern zu können. Mit der Schaffung des Eisenbahngesetzes im Jahre 1958 wurde die sogenannte Tarifannäherung eingeführt. So wendet die Rhätische Bahn heute im allgemeinen Verkehr auf allen Strecken einen um 40 Prozent (statt wie früher 120%) höheren Tarif an als die SBB. Gegen Ausweis erhalten die Bewohner Graubündens indessen die Einheimischenbillette zum normalen SBB-Tarif.
Im Zuge der Sparmassnahmen sind in jüngster Zeit vom Eidgenössischen Verkehrs- und Energiewirtschaftsdepartement verschiedene Möglichkeiten zum Abbau der Tarifannäherung vorgeschlagen worden. Der Entwurf zur Änderung des Bundesbeschlusses über die Tarifannäherung wurde der Bündner Regierung zur Stellungnahme zugestellt. In ihrer ablehnenden Erwiderung vom Juli 1977 stellte die Regierung Graubündens einleitend etwa folgendes fest: Als Folge der höheren Bau- und Betriebskosten der Bahn, die vor allem abgelegene und dünn besiedelte Berggebiete bediene, seien die erhöhten RhB-Tarife notwendig gewesen. Die geltende Tarifannäherung des Bundes habe sich auf die Bündner Volkswirtschaft und insbesondere auch auf den Fremdenverkehr günstig ausgewirkt. Sie trage aber auch dazu bei, die weitere Entvölkerung der Berggebiete zu verhindern. Aus diesen Gründen müsse die bisherige Tarifannäherung weitergeführt werden. Eine Einschränkung der Tarifannäherung würde die Rechtsungleichheit im Verkehrssektor noch weiter verschärfen, zumal die Defizite der SBB heute ebenfalls durch die Eidgenossenschaft gedeckt würden.

TÖDI-GREINA-BAHN
Längenprofil, 10-fach überhöht

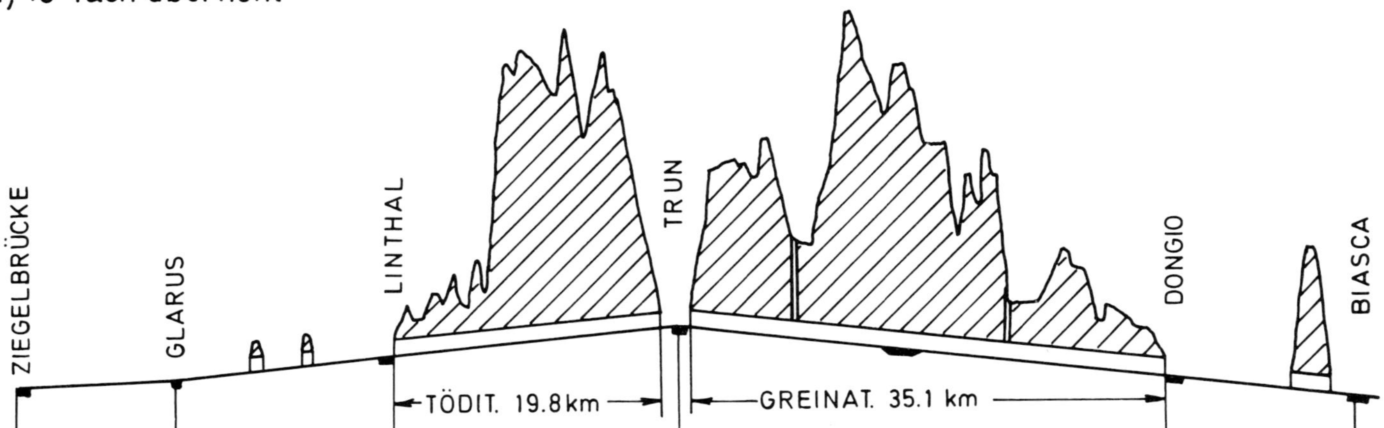

Kilometrierung	0	11.5	26.9	48.7	84.5	98.4
Höhe ü. M.	425.0	475.0	650.1	856.3	473.1	293.5

Unter anderem sind noch folgende Änderungsvorschläge mit Entschiedenheit abgelehnt worden: Gemeinden über 10 000 Einwohner aus der Einheimischen-Vergünstigung auszuklammern, die Tarifannäherung im Stückgüterverkehr und in der Beförderung begleitender Motorfahrzeuge durch den Albula abzuschaffen. In diesem letzten Punkt weist die Regierung besonders darauf hin, dass mit den begleiteten Autotransporten durch den Albula keine internationale Strassenverbindung durch die Alpen bedient werde, wie dies beim Gotthard oder Lötschberg der Fall sei. Abgesehen davon sei das Engadin bei schlechten Strassenverhältnissen im Winter auf diese Verbindung angewiesen. Eine Sonderbehandlung für den Albula sei daher gerechtfertigt.
Trotz diesen Problemen dürfen viele positive und bedeutende Aspekte nicht unbeachtet bleiben. Als die Rhätische Bahn im vorigen Jahrhundert ihren Siegeszug begann, bedeutete sie einen ungeheuren Fortschritt gegenüber der bis dahin im Landverkehr ausschliesslich möglichen Gespann- und Postkutschenbeförderung. Zum Beispiel fuhr die Postkutsche die Strecken Chur–Arosa in 6 Stunden, Landquart–Davos in 9 und Chur–St. Moritz in gar 16 Stunden. Die Mobilität der Bündner Bevölkerung wie auch der regelmässige Berufsverkehr zwischen Arbeitsstätte und Wohnort wurden erst durch die Eisenbahn möglich. Bereits im Jahre 1940 zeigten die von der Rhätischen Bahn berührten Kreise einen Zuwachs von 42 Prozent, während in den übrigen Kreisen die Bevölkerung entweder gleich geblieben oder zurückgegangen war. Der Verdienst der Bahn liegt auch darin, dass der Holzverkauf anstieg, dass die Herbstviehmärkte für den Absatz des Zuchtviehs an Bedeutung gewannen, und schliesslich wäre der Fremdenverkehr in seiner heutigen Ausdehnung ohne Bahn gar nicht möglich gewesen. Die Bahn ist für Graubünden unentbehrlich. Ihr Nutzen liegt im volkswirtschaftlichen und auch im staatspolitischen Bereich. In den letzten Jahren war die Leistungsfähigkeit und auch die Attraktivität der Bündner Staatsbahn merklich gestiegen. Die veralteten Zweiachs-Personenwagen sind schon lange gänzlich verschwunden; sie haben den komfortablen Leichtmetallwagen Platz gemacht. Täglich verkehren rund 350 Züge mit neuwertigem Rollmaterial durch die Gebirgstäler Graubündens. Um mehr als 800 km pro Tag wurde die Fahrleistung der Züge erhöht. Im Jahre 1979 betrug die Gesamtleistung der Triebfahrzeuge 5,3 Millionen km. Von besonderem Interesse für den Bahnkunden ist die Rationalisierung im Güterverkehr. Dort zeichnet sich ein klarer Strukturwandel von den

jahrzehntelang unverändert gebliebenen offenen und geschlossenen Wagen zu den Spezialwagen ab. Im Gleisbau wurden die Schienen kilometerlang zusammengeschweisst, so dass die Züge nicht mehr über die Schienenstösse rattern, sondern ruhig und sanft auf den Gleisen dahingleiten. Von entscheidender Bedeutung ist auch eine leistungsbezogene Verringerung des Personalaufwandes. In dieser Beziehung fällt die deutliche Reduktion der mit einem Vorstand besetzten Stationen auf. Heute steht die Eisenbahn in einem harten Abwehrkampf gegen die von Jahr zu Jahr weiter zunehmende Zahl der Automobile. Sie hat ihr Verkehrsmonopol weitgehend verloren. Eine Behinderung des Strassenverkehrs durch zu viele Lastwagentransporte liegt aber gewiss nicht im Interesse des Bündner Fremdenverkehrs. Auf der anderen Seite kann jedoch nur eine leistungsfähige und moderne Eisenbahn weiterhin verhindern, dass noch mehr Güterverkehr auf die Strasse abwandert. Die Eisenbahn ist heute wie damals an die Schiene gebunden. Sie gehört aber trotzdem nicht der Vergangenheit an. Gerade diese Spurgebundenheit und die geringe Rollreibung ermöglichen grössere Lasten mit geringsten Kräften zu bewegen. Wenn es darum geht, hohe Beförderungsleistungen in kurzer Zeit und mit kleinem Personalaufwand zu transportieren, dann ist die Eisenbahn eindeutig im Vorteil.

2. Fernere Zukunftsprojekte

Der Vereinatunnel

Im Juni 1975 stellte die Bündner Regierung der Öffentlichkeit verschiedene Projekte für eine wintersichere Verbindung nach dem Engadin vor. Zwei Varianten, der Ausbau der Strassenverbindung im Flüelagebiet und der Bau eines Eisenbahntunnels von Klosters nach Lavin, standen zur Diskussion. Die berechtigte Forderung der Region Unterengadin und Münstertal nach einer wintersicheren Verkehrsverbindung mit der Nordseite Bündens bewog die Rhätische Bahn, eine Vereinatunnel-Projektstudie auszuarbeiten. Kernstück der 21 km langen Eisenbahn-Schmalspurstrecke von Klosters nach Lavin bildet der 20 km lange Bahntunnel mit zwei Ausweichstellen. Der Kulminationspunkt des Tunnels liegt auf 1410 m.

An beiden Endstationen sind leistungsfähige Autoverladerampen vorgesehen, die eine Verladekapazität von rund 100 000 Strassenfahrzeugen im Jahr und in beiden Richtungen zusammen ermöglichen sollen. Ein vollbeladener Autozug hätte eine Länge von 300 m und ein Gewicht von 300 Tonnen.

Die vorgeschlagene Eisenbahnlinie gilt als Alternative zu einer wintersicheren Strassenverbindung. Für die neue Bahnstrecke, Tunnel, vier neue Streckenlokomotiven und 40 Autotransportwagen sind die Kosten auf 217 Mio. Franken veranschlagt worden. Der wintersichere Ausbau der Strasse würde 300 bis 330 Mio. Franken kosten. Die Betriebsaufwendung und auch der Unterhalt wurden mit 4,6 Mio. bei der Bahn – gegenüber 10–12 Mio. Franken bei der Strassenverbindung ermittelt, wobei im strassenseitigen Aufwand nur die Kosten für die festen Anlagen eingerechnet wurden. Weil es schwierig ist, den Betrag für den Strassenausbau aufzubringen, hat sich die Bündner Regierung für den Bau des Vereinatunnels ausgesprochen. Der geplante Tunnel könne weder durch den Personen- noch den Güterverkehr, wohl aber durch den Transport verladener Autos nach dem Engadin als ganzjährige Verbindung gerechtfertigt werden. Nach Meinung der Experten würde diese rollende Strasse sowohl dem Eisenbahn- wie auch dem Strassenverkehr dienen. Sie wäre eine sinnvolle Ergänzung zum gesamten Verkehrsapparat Graubündens.

Das Projekt wurde im Sommer 1975 dem Eidgenössischen Verkehrs- und Energiewirtschaftsdepartement eingereicht, und im Februar 1979 bewilligte der Bündner Grosse Rat einen Kredit für die Detailprojektierung eines Vereinatunnels.

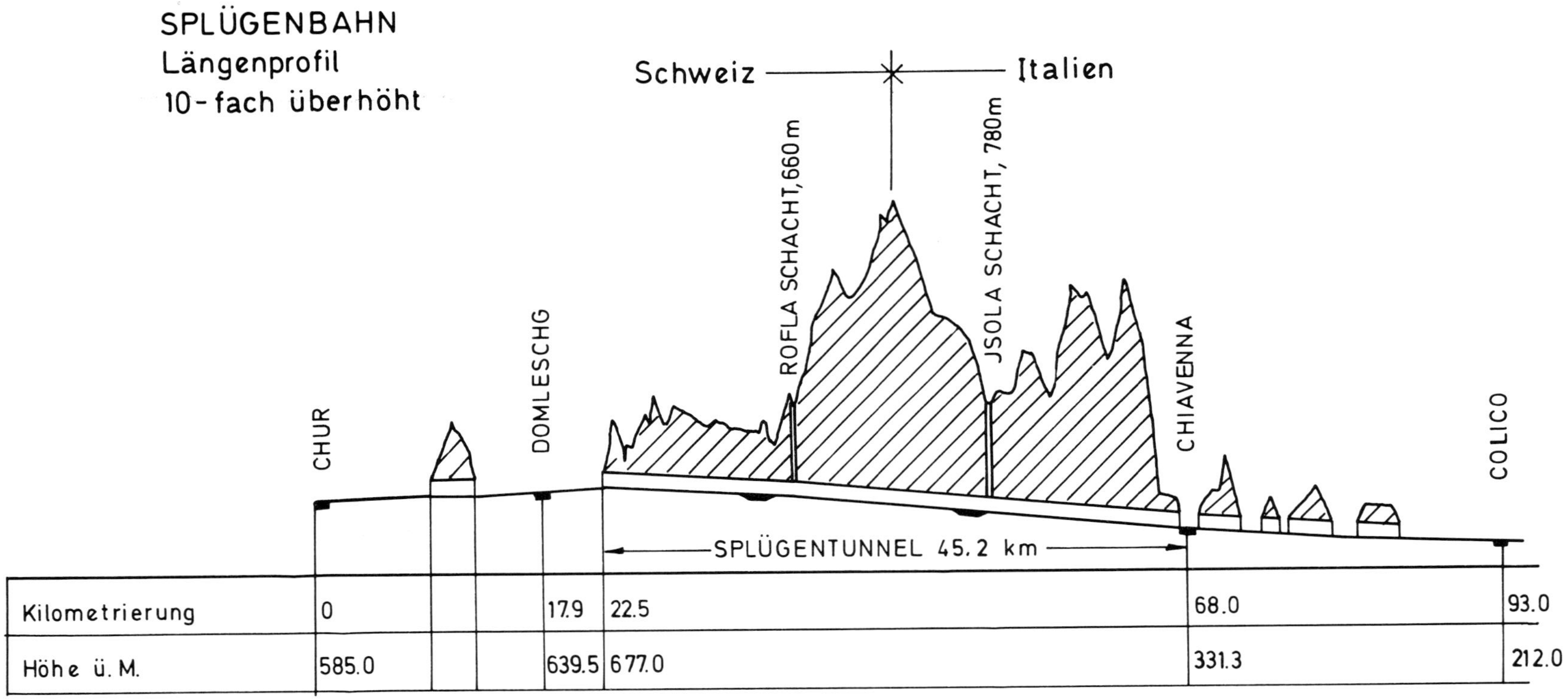
SPLÜGENBAHN
Längenprofil
10-fach überhöht
Schweiz
Italien
ROFLA SCHACHT, 660 m
JSOLA SCHACHT, 780m
CHUR
DOMLESCHG
CHIAVENNA
COLICO
SPLÜGENTUNNEL 45.2 km
Kilometrierung
0
17.9
22.5
68.0
93.0
Höhe ü. M.
585.0
639.5
677.0
331.3
212.0

GOTTHARD-BASISTUNNEL
Längenprofil
10-fach überhöht

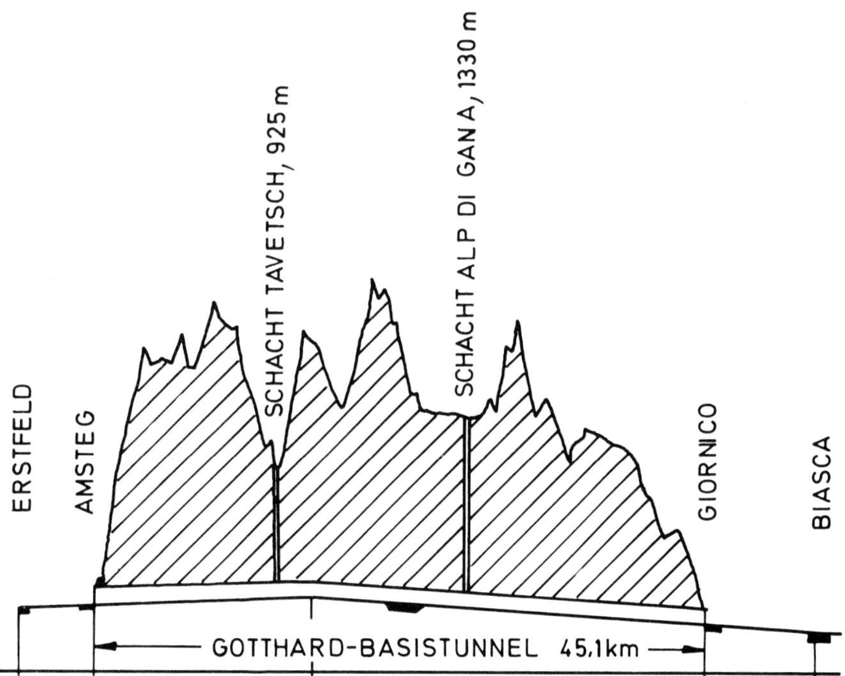

Kilometrierung	0	5.4	21.4	50.5	58.7
Höhe ü. M.	471.9	508.0	548.0	361.0	293.5

Internationale Alpenbahnen

Nachdem man sich vor mehr als hundert Jahren für den Bau der Gotthardbahn entschieden hatte, wurde es in der Folge still um die Ostalpenbahnen. In den sechziger Jahren sind jedoch wieder Bestrebungen für die Realisierung von Eisenbahnverbindungen durch die Alpen entstanden. Falls ein weiterer Alpendurchstich in Angriff genommen werden sollte, besitzt die Ostschweiz mindestens einen moralischen Anspruch auf den Bau einer Ostalpenbahn, weil immer wieder gewisse Zusicherungen gemacht wurden. Das Subsidiengesetz, in welchem 1878 für den Bau des Gotthards eine Subvention zugesprochen wurde, enthält das Versprechen einer gleich hohen Subvention für den Bau einer weiteren Alpendurchquerung. Für die Ostschweiz stand die Splügenbahn mit einem neuen Grenzübergang zu Italien im Vordergrund.
Eine Kommission «Eisenbahntunnel durch die Alpen» wurde gegründet. Diese Kommission trat am 13. November 1963 erstmals zusammen. Sie hatte die Aufgabe, verschiedene Planungsfälle zu untersuchen, deren wichtigste Varianten hier ganz kurz gestreift werden:

Die Bahnlinie Tödi–Greina:

Ziegelbrücke–Linthal–Töditunnel (19,8 km)–Trun–Greinatunnel (35,1 km) – Biasca mit einer Anschlusslinie von Chur nach Trun. Die Bauzeit für die 100 km lange Tödi-Greina-Bahn würde 9¹/₂ Jahre dauern. Die Anlagekosten sind mit 1730 Millionen für die Hauptstrecke und mit 460 Millionen Franken für den Anschluss Chur–Trun berechnet worden.

Die Splügenbahn:

Chur–Thusis–Splügentunnel (45,2 km)–Chiavenna–Lecco. Diese Bahnlinie schafft einen neuen Grenzübergang zu Italien. Für den Bau der Splügenlinie mit 131 km Länge müssen rund 10¹/₂ Jahre in Rechnung gestellt werden. Die Kosten würden 800 Mio. für die Schweizer Seite und 1300 Millionen Franken für die Strecke in Italien betragen.

Die Gotthardbasislinie:

Erstfeld–Amsteg–Gotthardbasistunnel (45,1 km)–Giornico–Biasca. Die Strecke misst 61 km. Die Bauzeit ist auf 10 Jahre geschätzt worden. Die

Kosten berechnete man auf 1110 Millionen Franken. Die Basis für die genannten Baukosten datiert aus dem Jahre 1970.

Alle diese Alpendurchquerungen schliessen an das bestehende Eisenbahnnetz an. Die Kommission «Eisenbahntunnel durch die Alpen» hat sich an ihrer Sitzung vom 22. Juni 1970 für den Bau eines Gotthardbasistunnels ausgesprochen. Weiter könne es möglich sein, dass in einigen Jahrzehnten auch diese Linie dem Transitverkehr nicht mehr genüge, wobei eine der nicht berücksichtigten Varianten aktuell werden könnte.
Der Ausbau der Bern-Lötschberg-Simplon-Bahn (BLS) war seit 1973 ebenfalls Bestandteil der Transitpolitik. Am 4. Februar 1976 beschloss der Bundesrat, deren Doppelspurausbau auf der ganzen Linie in Angriff zu nehmen. «Beim Transit sollten wir nicht erst dann gescheiter werden, wenn wir gescheitert sind», meinte Bundesrat W. Ritschard anlässlich einer Presseorientierung.
Wie die kürzlich veröffentlichte Gesamtverkehrskonzeption (GVK) festhält, werden bis zum Jahre 2000 weder der Gotthardbasistunnel noch eine Splügen- oder Tödi-Greina-Bahn benötigt. Die einmal ausgebaute BLS-Doppelspur Spiez–Brig sei in der Lage, den zusätzlichen Nord-Süd-Verkehr zu bewältigen.

Ich danke den Verlagen Desertina und Orell Füssli für die Ausstattung des Buches. Dank gebührt ebenfalls den Mitarbeitern der Rhätischen Bahn für die kritische Durchsicht des Manuskriptes. Vielen Dank auch meiner Frau und allen, die mir bei dieser Arbeit behilflich gewesen sind.

P. Caminada

Bildquellennachweis

(nach Seitenzahlen, o= oben, M= Mitte, u = unten)

Aus: Graubünden, illustr. Reisebegleiter durch alle Talschaften, Ebner Chur, 1908, 9, 11

Schweiz. Verkehrshaus, Luzern, 14, 168

Rhätische Bahn, Chur, 15, 34/o, 51, 75, 80/u, 115, 119/o, 122/u

Aus: Schweiz. Bankverein 1872–1972, 16

Müllers & Trüb, Aarau & Lausanne, 22, 40

Verlag Fetzer & Sohn, Ragaz, 26

Tim. Geering, Zürich, 28

Photo Hall, Klosters, 34/u.

Edition Photoglob, Zürich, 25, 37, 42/o, 55/o, 59, 106, 113

Verkehrsverein, Davos, 38

Guggenheim & Co., Zürich, 39/o, 118, 121/u

Rathe-Fehlmann, Basel, 42/u.

Aus: Bündner Tagblatt, Juni 1897, 44

Gebr. Wehrli, Kilchberg, Zürich, 47/u, 66, 109/o, 132

A. Reinhard, Chur, 53, 56, 73, 145/o

A. Roth, Thusis, 70/u

Künzli-Tobler, Zürich, 71/o, 136

PVK, Zürich, 71/u

Simon Tanner, Samedan, 74

Gebr. Sulzer, Winterthur, 76/o

Orell Füssli Verlag, Zürich, 76/M, 92

Schweiz. Bauzeitung, Zürich, 78, 167, 169

Engadin Press Co., Samedan, 80/o, 134

R. Guler, St. Moritz, 81

J.E. Wolfensberger, Zürich, 93

M. Maggi, Ilanz, 94/o

A. Peurett & A. Mettler, Sils i.D., 96/o

F. Huonder, Disentis/Madernal, von Ing. T. Huonder, Zürich, freundlicherweise zur Verfügung gestellt, 96/u, 97, 98, 99, 101

J. Tomaszewski, Davos, 108/o

Angerer & Cöschl/RhB, 108/u, 109/u

Aus: Freier Rätier, 26. Nov. 1912, 112

G. Sommer, Samedan (RhB), 121/o

H. Rauch-Roner, Schuls/Tarasp, 122/o

Brown Boweri & Cie./MFO, Maschinenfabrik, Oerlikon, 123

Flury, Pontresina, 126, 128

Beringer & Pampaluchi, Zürich, 131

E. Züblin, Bauunternehmung, Zürich, von Ing. Hugentobler freundlicherweise zur Verfügung gestellt, 146, 149, 150

F. Junginger-Hefti, Arosa, 147

Chr. Meisser, Zürich, 152

Aus: Bündner Jahreszeiten Verlagsgesellschaft, Zürich, 153

Aus: Ehrentafel Bündner Ingenieure 1927, Verfasser G. Bener, Chur, 162, 164, 165, 166

Aus: Zürcher Wochenchronik 1918, 163

F.K.-B., Zürich, 172

G.F. Dubler, Crissier, 175

Zeichnung der Firma Krauss-Maffei, München, 177

SLM, Schweiz. Lokomotiv- und Maschinenfabrik, Winterthur, 179, 188, 190, 191/o

Paul Caminada, Thalwil, 12, 27, 29, 30, 31, 32, 33, 35, 39/u, 43, 46, 47/o, 50, 52, 54, 55/u, 57, 58, 60, 61, 65, 67, 68, 70/o, 76/u, 85, 86, 87, 88, 89, 94, 95, 100, 102, 105, 107, 114, 116, 117, 119/u, 120, 127, 129, 130, 133, 135, 137, 138, 142, 143, 144, 145/u, 151, 154, 155, 156, 170, 171, 173, 174, 176, 178, 180, 181, 182, 183, 184, 185, 186, 189, 191/u, 192, 194, 195, 197, 198 (mit wenigen Ausnahmen, stammen sämtliche dokumentarischen Bilder aus der Sammlung des Autors).

F. Aeberli, Ringier Bilderdienst, 196

Tabellen, Zeichnungen und Skizzen: Paul Caminada, Thalwil

Literaturverzeichnis

Presse und Zeitschriften

- Bündner Tagblatt, Chur
- Bündner Zeitung, Chur
- Der Freie Rätier, Chur
- Gasetta Romontscha, Disentis/Mustér
- Neue Zürcher Zeitung, Zürich
- Tages-Anzeiger, Zürich

- Calender Romontsch, Mustér
- Davoser Revue, Davos
- SBB-Nachrichtenblatt, Bern
- Schweizerische Bauzeitung, Zürich
- Schweiz. Technische Zeitschrift, Wabern
- Terra Grischuna/Bündnerland, Chur

Literatur:

- Bauer H.: Schweizer Bankverein 1872–1972, 100 Jahre Bankverein
- Bener G.: Ehrentafel Bündner Ingenieure, Chur 1927
- Bosshard E.: Die Berninabahn, Zürich 1912
- Claude Jeanmaire: Die Dampflokomotiven der Rhätischen Bahn, 5234 Villigen
- Claude Jeanmaire: Die Gleichstromlinien der Rhätischen Bahn, 5334 Villigen
- Eisenbahn-Amateur, Schweiz. Zeitschrift für Eisenbahn- und Modellbaufreunde, Basel
- Festschrift 1889–1939, 50 Jahre Rhätische Bahn, Davos 1939
- Festschrift zur 40. Generalversammlung des Schweiz. Ingenieur- und Architektenvereins, Chur 1903
- Festschrift: 100 Jahre SIA, 1837–1937, Schweiz. Ingenieur- und Architektenverein
- Hennings F.: Projekt und Bau der Albulabahn, Denkschrift 1908
- Hennings F.: Die neuen Linien der Rhätischen Bahn, Zürich 1901
- Maron F.: Vom Bauerndorf zum Weltkurort Arosa, Schuler Chur
- Marti Franz und Trüb Walter: Die Rhätische Bahn, Zürich 1972
- Momsen K.: Drei Generationen Bauingenieure, Gruner, Basel
- Poeschel E.: Bündner Jahreszeiten, Zürich
- Rhätische Bahn/Graubünden, Schweiz, RhB-Broschüre 1968
- Schwabe H.: Schweizer Bahnen damals
- Stutz W.: Bahnhöfe der Schweiz
- Töndury-Osirnig: Studie zur Volkswirtschaft Graubündens, Samedan 1946
- Wolfgang-Messerschmidt: Lok-Magazin, Eisenbahn – gestern, heute, morgen. Heft 75, Stuttgart